火星，我来了

［美］李杰信◎著

科学普及出版社
·北 京·

图书在版编目（CIP）数据

火星，我来了 /（美）李杰信著．—北京：科学普及出版社，2020.7
ISBN 978-7-110-10110-0

Ⅰ. ①火⋯ Ⅱ. ①李⋯ Ⅲ. ①火星探测—普及读物 Ⅳ. ① P185.3-49

中国版本图书馆 CIP 数据核字（2020）第 099669 号

著作权合同登记号：01-2020-3524

责任编辑 单 亭 崔家岭 汪莉雅
装帧设计 中文天地
责任校对 吕传新
责任印制 马宇晨

出 版 科学普及出版社
发 行 中国科学技术出版社有限公司发行部
地 址 北京市海淀区中关村南大街16号
邮 编 100081
发行电话 010-62173865
传 真 010-62173081
网 址 http://www.cspbooks.com.cn

开 本 787mm × 1092mm 1/16
字 数 240千字
印 数 1-5000册
印 张 15.5
版 次 2020年7月第1版
印 次 2020年7月第1次印刷
印 刷 北京盛通印刷股份有限公司
书 号 ISBN 978-7-110-10110-0 / P·217
定 价 59.00元

1957 年 10 月 4 日，苏联发射了第一颗人造地球卫星，开启了人类探索太空的新篇章，人类从此进入了太空探索的新时代。1961 年 4 月 12 日，苏联将宇航员加加林送入太空又成功返回地球，实现了人类首次遨游太空，也正式宣告人类走出地球。

20 世纪 60 年代，美、苏两个超级大国，在太空活动中展开了激烈的竞争。登月和太阳系行星探测，成为两国相互争夺的重要场所，人类登月和火星探测因而成为竞争的首选。

火星是太阳系的八大行星之一，因为某些条件与地球有所类似，又被划分为类地行星，自然成为两霸竞争的主要场所。自 1960 年 10 月苏联发射了“火星 1M 号”探测器后，人类开始不断地发射火星探测器。据统计，自苏联的“火星 1M 号”探测器开始，至 20 世纪后半叶的第一波深空探测活动中，全世界先后向火星发射了多达三十多个火星探测器。最早期的火星探测器，基本都以失败告终。尽管如此，这些教训却为后续的火星探测积累了经验。在这场人类登月和火星探测的竞争中，美国人占据了头筹—— 1969 年美国宇航员阿姆斯特朗，在月球上留下了人类的第一个脚印。

20 世纪后半叶至 21 世纪初，更多国家加入“探火”队伍中，包括俄罗斯“福布斯－土壤”火星探测器、日本“希望号”（Nozomi）火星探测器、欧洲航天局的第一个火星登陆器“猎兔犬 2 号”及其搭乘的“火星快车”（Mars Express）探测器、印度“曼加里安”(Mangalyaan) 火星探测器等，这一波火星探测的结果也是失败居多，成功甚少。其中，美国的“勇气号”（Spirit）和“机遇号”（Opportunity）计划相对出色。

2020 年很可能是继美、苏前一波“探火”竞争时期之后的新一波火星探测热潮，其中中国的火星探测计划“天问一号”尤为抢眼。2020 年也将是中国航天活动的丰收年。以“嫦娥五号”到月球正面取样返回作为标志，探月工程完成“绕、落、回”三步走任务，新一代载人飞船试验，北斗卫星导航系统 2020 年 6 月正式运营等一大批航天重大项目将陆续登场。

火星探测项目是继载人航天工程、探月工程之后，中国又一个重大空间探索项目，也是中国首次开展的地外行星空间环境探测活动，火星将成为中国进行深空探测的第二颗星球。为实现这一目标，2011 年，中国国家航天局曾与俄罗斯联邦航天局合作共同探索火星，合作模式是中国研制的“萤火一号”探测器和俄罗斯研制的“福布斯 – 土壤”探测器由俄罗斯的“天顶 – 2SB”运载火箭送入太空。遗憾的是，2011 年 9 月，俄方宣布搭载有“萤火一号”的“福布斯 – 土壤”探测器变轨失败，中俄合作“探火”项目以失败告终。

在中国推进探月计划的同时，绕月探测工程两总及相关专家们，积极推动中国自己独立的火星探测计划。经过多年的努力，中国提出实现轨道器、着陆器和火星车巡视三大目标为一体的火星探测方案。这一计划于 2016 年 1 月 11 日正式获得批复，中国火星探测任务正式立项，并将在 2020 年发射一颗火星探测卫星。

为实现对火星的“环绕、着陆、巡视”三大目标，中国先后已进行了多项试验，提前做了各项研发工作，争取在火星探测任务中获得首胜。2019 年 11 月 14 日，中国国家航天局邀请部分外国驻华使馆及国际组织人员，赴河北怀来的火星实验场，观摩中国首次火星探测任务着陆器悬停避障试验，并参观相关试验设施。这是中国火星探测任务首次公开亮相，也是中国务实开展航天国际交流与合作的重要举措。2020 年 3 月 10 日，北京航天飞行控制中心圆满完成中国首次火星探测任务无线联试，充分验证了探测器与地面系统的接口匹配性和一致性，对各类方案、技术状态、软硬件系统进行了全面测试，为任务顺利开展打下了坚实的基础。

火星的探测任务，主要包括探索火星的生命活动信息，包括火星过去、现在是否存在生命，火星生命生存的条件和环境以及对生命起源和地外生命的探测。火星本体的科学研究，将包括对火星磁层、电离层和大气层的探测与环境科学，包括火星的地形、地貌特征与分区，火星表面物质组成与分布，地质特征与构造区划，对于火星内部结构、成分，以及火星的起源与演化也将进行进一步的研究和探索。

2020 年，对全世界来说是不平常的一年，新冠疫情严重，呈现出世界性蔓延的趋势。人们担心在这种情况下，原计划 2020 年 7 月发射的中国火星探测器计划还会如期进行吗?

从理论上来说，从地球到达火星的路线有很多种，但是考虑到时间成本、经济成本和技术限制，我们必须选择一条最佳轨道完成任务。而这条最佳轨道只有在地球与火星相对位置满足合适条件的时候才能实现，这个相对位置合适所对应的发射时间段就被称为发射窗口。由此可见，火星探测器并不是想什么时候发射都可以的，而必须要等到发射窗口出现才可以。这个时候探测器才能够用最短的时间快速到达火星，如果错过了这个发射窗口，我们就需要再等两年的时间。也就是说，如果 2020 年 7 月，我国的火星探测器发射计划取消，那下一次的发射时间需要等到 2022 年才可以。那么，我们真的要再等到下一个窗口期吗? 我认为，我们不能等! 中国火星探测已万事俱备，只欠东风，箭在弦上，不能不发! 而且，中国的抗疫成果稳步见效，目前，各行各业积极复工、复产，航天界已投入战斗中，按期实施火星探测计划更是全国人民的期待。相信 2020 年的火星窗口期，我们将能看到中国的火星探测器成功奔向遥远的火星!

对于整个人类文明来说，宇宙探索是没有国界之分的，宇宙探测是全人类的事。不管是美国、俄罗斯、欧洲其他国家的火星探测，还是中国的火星探测，共同的目标都是为了人类的未来。我们希望有更多的国家加入火星探测之中。只有全人类都加入进来，集全人类的智慧，我们才能够更快更全面地认识火星，从而更早地找到适宜人类生存的第二个地球。我们期待着这一天的早日到来。

美籍华裔科学家，前美国国家航空航天局太空任务科学家李杰信博士（Dr. Mark, Lee）撰写的科普著作《火星，我来了》近期将出版。李博士就职于美国国家航空航天局40年，做了出色的工作，获得了各种奖励和荣誉。李博士长期以来十分关心中国的科普事业，在美国创立了美国促进中国科普协会并出任会长。他是位热情的科普知识传播者，出版了多部科普书籍。

我与李博士的相知大约是在二十年前，我任“863”航天领域应用专家组组长时，由王文魁教授介绍认识的。当时，专家组决定利用美国航天飞机搭载桶做空间科学实验，经协商采购了几个搭载桶，由燕山大学负责此事。尽管后来由于各种原因没能进行下去，但整个过程一直得到李博士的全力支持，李博士渊博的学识和执着的科学追求给我留下了深刻的印象。

《火星，我来了》一书的命题本身很霸气，而且书的内容有多个亮点：一是“适时”，2020年将是世界“探火”的热潮期，且又是中国第一次火星探测的重要开端，人们需要更多地了解有关火星探测相关知识；二是内容“丰富”，本书涵盖了从历史到当今火星探测的丰富、鲜活的动态，且以李博士长期研究与实践为基础的内容，十分接地气；三是“系统”，本书内容回忆了人类天文学发展和探测火星的全过程，全面且系统；四是“易懂”，一部好的科普作品，必须让各层界的读者看懂，从中获得新的知识。《火星，我来了》一书深入浅出，图文并茂，引人入胜。在我看来，“适时”“丰富”“系统”“易懂”是本书的特色，也体现了作者水平之所在。

作为中国探月，包括火星在内的深空探测的热心者、积极推动者和参与者，我愿意为本书作序，我要为《火星，我来了》这一优秀的火星探测科普作品的成功出版助力！希望这本科普书为广大的读者带来丰富的知识，更好地读懂人类火星探测的意义和未来。

我诚恳推荐这本书，希望为中国火星探测计划首胜而呐喊、助威！！！

姜景山

中国工程院院士

2020 年 4 月于北京

跟着水走（2020年版）

这本书在2003年第一次出版（书名《我们是火星人？》），2009年又重印，两次虽然间隔了6年，但内文完全相同。21世纪伊始，火星探测仍然如火如荼前行，人类战战兢兢地使用了这两印中间6年的3次发射窗口，继“海盗号”（Viking）和“火星探路者号”（Mars Pathfinder）之后，又送上去了“勇气号”与“机遇号”漫游小车和登陆火星北极区域的“凤凰号”（Phoenix），再杠上开花，布置了轨道高清照相神器“火星勘测轨道飞行器”，极大地增强了人类从火星获取更高质量数据的能力。所以就有朋友好奇地问我：李杰信，旧瓶新酒，为什么不在书中增添些内容啊？

说真格的，为这本书增添千禧年以来火星的新发现，是我一直耿耿于怀的大事。每次媒体炒作从火星传来的数据，我都仔细掂量，看看它的分量够不够激起我的热情，到为火星新数据开篇辟页的地步，记录下这批新数据为人类火星知识宝库立下的汗马功劳。我等呀等……猛回头，17年已过，我已从美国国家航空航天局（NASA）退休，但为这本火星书添加新资料的热情仍然是蔫儿的。

激发不出热情是有原因的。人类掌握了深太空探测的利器后，就忙不迭地先把两架“海盗号”实验室送到火星，一厢情愿地认为，只要一铲子下去，取到火星土壤，往营养液里一泡，火星的细菌生命就得活蹦乱跳地现形。从花 50 亿美元取得的“海盗号”数据，人类痛苦地学到了火星地表的性质特异，即经数十亿年太阳紫外线的轰击，火星地表已被消毒得干干净净，是无菌环境。

到了 21 世纪初，人类回顾过去近 30 年的研究历程，整理出一个崭新概念：生命一定得和液态水共存。要想找到过去甚或现在的火星生命，不是一铲子土泡高汤那么简单容易的事，没有近路可抄，唯一可执行的策略，就是耐心地在火星上寻找水的痕迹，跟着水走（follow the water）！

2003 年“跟着水走”的策略刚上路，到 2009 年尚无标志性的斩获。但到了 2018 年时，旗舰设备“好奇号”已在火星地表工作了 5 年，在火星上发现了一些重要的含氧和各类盐分的矿石，导致火星的液态水可以以冷到零下 100 多摄氏度的“咸水”状态存在，并可溶入饱和量的氧气，足够供应细菌生命存活所需。科学家在 2018 年 12 月发表的这个结论，大概够资格成为人类过去 40 多年从“海盗号”火星探测以来最重要的发现和成就！

2018 年底发表的这篇火星论文，的确为这本书添增“跟着水走”这系列新知识的意念带来了震撼力。但即便这辆增油的货车引擎已被打着了火，但尚不知油箱里的燃料能跑多远，也不知道它能给我带来多大的冲击力。

我写书的动力一定要来自那股能触动心灵的力量。正如以我最近几年写的三本书为例。《天外天》，黑暗宇宙的出现，刺激了我对这门深不见底知识的追求。《宇宙起源》，人类通过对电磁波黑体辐射的理解，看清楚了令我激动到骨髓里的宇宙今生来世。《宇宙的颤抖》，用我能掌握的最简单易懂的语言，把爱因斯坦惊心动魄的引力波说了个透亮。

那这本 2020 年新版《火星，我来了》一书呢？除了“咸水”这项重磅级的新发现外，还有别的能触动我心灵的力量吗？

其实，为这新版书添增新内容最强的原始激情动力，老早就深埋在

2013 年出版的《天外天》一书中。

《天外天》中一个重要的主题是中国载人航天的崛起。中国的载人“神舟”皆由“长征二号”（简称“长二”）火箭发射。“长二”为唯一仅有的中国载人火箭，拥有金刚不坏之身，造价昂贵，在中国火箭系列中，地位突出，独树一帜。“长二”的低地球轨道推力为 8.5 吨，足够送“神舟”飞船进入 400 千米高的地球轨道，在《天外天》书中，是我聚焦之处。但因“长二”的推力偏低，我就一笔带过当时还在研发中的较大推力火箭“长征五号”，昵称“胖五”。“胖五”虽不是载人火箭，但低地球轨道推力为 25 吨，高出“长二”3 倍，是它最耀眼的能力。

《天外天》出版后，“胖五”逐渐淡出我的视界。2016 年 11 月 3 日，“胖五”于文昌航天发射场首次发射成功，使用全新低温液氢液氧燃料，无环境污染，又是从中国最南疆基地发射，我眼前一亮，不得不竖起两只大拇指，点上三个赞！赞！赞！更重要的，这是我第一次把“胖五”和中国的火星探测挂上了钩。在此之前的 2011 年，中国和俄罗斯合作，发射了火星轨道探测卫星“萤火一号”，因俄罗斯的火箭故障，连地球轨道都没有脱离成功就坠落于太平洋。我再往前追查，竟然发现“胖五”计划在 1986 年就已上马开发，2006 年开始制造，2016 年第一次试射成功，一步一个脚印，紧接着 2017 年第二次试射，第一节火箭的液态氢氧发动机运转异常，45 分钟后宣布发射失败。2019 年 12 月 27 日“胖五”第三次试射成功，三锤定音，终于完成了中国去火星探测的准备工作。

所以，在 2020 年初，我就向科学普及出版社副总编辑单亭表白，我终于找到了“胖五”这个原动力，现在我有激情为 2003 年这本火星书增添过去 17 年的新资料。我要用这本新版《火星，我来了》，去迎接中华民族在 2020 年 7 月 23 日这件旷古未有的“天问一号”发射大事。

新版《火星，我来了》增添了约 2 万字的内文，第八章加了“跟着水走”一节，另作新第十二章“火星，我来了”。新增 21 幅精选图片

（图 6-2，图 8-13 至图 8-15，图 12-1 至图 12-17），其中图 12-9 总结人类近 60 年的火星探测活动，弥足珍贵。增补了火星大事记和参考文献，又加上了中英文索引。

扪心自问，新版《火星，我来了》够得上说，用尽了我 17 年库存的心灵激荡和写作激情。也够得上说，为《我们是火星人？》增订一次，还了愿。

火星情，生命源（2003/2009 年版）

要写本火星的书，对我而言，是个不算小的愿望。

1978 年，我加入加州理工学院喷气推进实验室时，“海盗号”在火星上已经工作了两年，虽然“海盗号”在火星上没发现生命，甚至连有机物质也没有找到，但我亲身体验过火星探测狂热的气氛。

“海盗号”登陆火星后，西方的科普工作者前后写出过许多本有关火星的书。此后，美国国家航空航天局全力发展航天飞机和空间站计划，又经过“挑战者号”（Chanllenger）爆炸惨剧，忙得焦头烂额，火星计划被搁置一边，一直到 1992 年才发射了“火星观测者号”（Mars Observer，MO），这是一项“大”科学计划，距“海盗号”的发射已有 17 年了。

“火星观测者号”飞行 5 亿多千米后，在抵达火星前失踪。我当时已在航天总署总部上班，哈勃太空望远镜（Hubble Space Telescope）仍然瘫痪在天，现在“火星观测者号”上 10 亿美元投资又变成泡影，美国纳税人开始怀疑，太空计划是划算的投资吗?

媲美郑和下西洋

当时刚上任不久的局长哥丁，曾以中国明朝郑和下西洋为例，向美国老百姓游说太空投资不能停止。郑和在1405年至1433年间，七下西洋，带领62艘船组成庞大的舰队，27 800名水手，以天文“牵星术”定位导航，远航印度、东非、红海、波斯湾、埃及，在当时无疑的是世界上最大的一支远洋舰队，比哥伦布的美洲航行要早上六七十年。

中国的天文学在当时世界也是遥遥领先的。近的有宋仁宗至和元年（1054年）“天关客星”超新星记载，远的有公元前613年关于“哈雷彗星”的记录和汉武帝时（公元前104年）量出的水星周期（115.87日，比现代值115.88日仅差0.01日）。中国在公元前28年就观测到太阳黑子，并在春秋战国时使用了“岁星（木星）纪年法”。中国拥有指南针、造纸术、火药、印刷术四大发明，名扬世界。所以在郑和时代，中国的科技文化和航海技术，在世界上居领先地位。

资助郑和下西洋的明成祖朱棣，南征安南、北讨蒙古、修建长城、疏通大运河、迁都北京。在经费紧缺、国库空虚的情况下，到明英宗以后就全面放弃建造新船，并禁海运。中国没有持之以恒，痛失良机，未能充分利用几千年来辛勤努力创造出来的科学成果。近代中、西文明的分野，这是一个重要的转折点。

哥丁的观点在美国国会产生了多大的作用，不容易估计。但紧接着苏联解体，空间站跃升为“国家安危级”大科研计划，哥丁又推出“快、好、省”经费精简策略，做活了“火星观测者号”后的火星计划。第一批使用新策略发展出来的火星宇宙飞船“火星全球勘测卫星”和“火星探路者号”取得空前成功，新的火星数据源源而来，结束了20多年坐吃“海盗号”数据老本的时代。

追寻红色星球

新时代的火星探测，又激发了我沉睡已久的写火星的行动。从1995年起，我开始着手写一些零散的科普文章。1996年，研究人员从火星陨石

ALH84001 中发现了可能含有火星细菌生命活动的遗迹，加上 1998 年在西澳大利亚海床下发现的纳米细菌，都在暗示着火星可能曾有类似地球古菌的存在。在 1999 年初，我写完了《追寻蓝色星球》一书后，就开始认真思考这本火星书的内容。

多年来我所接触的火星资料大半是因特殊事件而发，立论精辟，针针见血。但对我而言，总有些像东一榔头、西一棒槌，勾画不出人类对火星完整的“情”。所以我这本书是从火星逆行在中国引出的“荧惑（火星）守心”说起，经望远镜观测，宇宙飞船飞越、进入轨道、登陆，然后对火星的地表风貌、火星卫星、火星曾经发生过的巨大洪水，进行轻松的描述，最后讨论人类终极的关怀：火星的生命与它和地球生命起源的关联。我的目的是写一本在高层次概念上比较完整的火星的书。

一开始写这本书，我就掩卷长叹。中国和欧洲接受天庭同样的火星逆行和明晦变化的强烈暗示，中国发展出“荧惑守心”的占星术，带来一片刀光剑影，血腥杀戮。而哥白尼（Nicolaus Copernicus，1473−1543）却在中国海运停止后 110 年，发展出太阳中心学说，激起西方文明一个质的飞跃。70 年后，开普勒（Johannes Kepler，1571−1630）又站在巨人的肩膀上，找出了火星和行星椭圆形的轨道，完成太阳系行星运行体系。哥白尼学说在 1760 年才由法国耶稣会传教士蒋友仁献与乾隆皇帝，距 1543 年哥白尼学说问世时已有 200 多年了。所以由 1433 年在郑和下西洋中国遥遥领先的情况下，在 300 年多一点点的时间里，中国反而落后了西方至少 200 多年。一直到现在，中华民族还在追赶这段差距。

揭开火星面纱

望远镜的发明，使人类的视野扩展到整个宇宙。人类通过望远镜，看见了火星上的色蒂斯大平原，闪亮的南北极冰帽，计算出火星自转一周也是约 24 小时，自转轴并有倾角，火星应有四季，地表颜色也随季节变化。

洛韦尔看出火星有运河，幻想火星应有居民存在。

人类在 1957 年 10 月 4 日进入太空世纪。在这本书里，我要把宇宙飞船去火星的轨道讲清楚。一般谈轨道的著作，力学公式上千条，每条公式可长达数页，显然不适合我的需要。我在书中塑造出一个“大力神”，超脱在开普勒三定律之外，由他来回穿梭，把宇宙飞船送上了火星。

从“水手号”火星的任务中，人类先期发现火星有许多陨石坑，干冷死寂，没有生命迹象，后来又发现了干涸河床、巨大的火山群。火星可能有生命的暗示，促成我们送出“海盗号”，登陆火星，寻找生命。

“海盗号”在火星地表没有发现生命，甚至连有机物质也没有找到。人们认识到：火星大气稀薄，太阳光中强烈的紫外线长驱直入，轰击地表数十亿年，火星地表被消毒得清洁干净，犹如一个天然无菌室！

“海盗号”探测后，火星成为充满玄机的行星。巨大的奥林帕斯火山，可容纳三个珠穆朗玛峰，代表火星过去活跃的地质活动，有利于生命起源。火星有一条长达 4500 千米的大裂谷、北极的冰帽、季节性的尘暴和广大的干涸河床。像地球一样，火星曾经是个“活”的星球。

人类花了两个半世纪的时间，才找到火星的两个小月亮。它们的密度出奇的低，仅是水的两倍，好像是中国的发面馒头，可能是从“小王子”的家乡——小行星带——来的。

我们是火星人?

各种迹象显示，火星曾经发生过巨大的洪水，曾经有过温暖潮湿的环境。从目前陨石坑大规模的位移来看，我们有把握说，火星高纬度的地下有永冻冰层，也可能有地下温泉，是火星生命可能的藏身之地。“火星全球勘测卫星”从 1999 年起开始发现许多类似排水沟渠的结构，密集分布在 30 度以上高纬度的陨石坑壁上。最令人震惊的是，这些沟渠的分布面没有陨石碰撞的痕迹，表示这些沟渠的地质年龄轻，可能发生在最近的几百万年内，甚或可近至“昨天”，可能是近代火星液态水现形的证据。这些水源宝地，将加速带领人类寻得火星生命。

火星取样品双程之旅，如箭在弦，蓄势待发。我在书中画出双程之旅的轨迹，说明从火星回程发射窗口的开放时机。

火星曾经有过生命吗？从火星陨石 ALH84001 中生命活动可能的遗迹和地球古菌生命领域及纳米细菌的发现，我认为火星过去可能有生命，现在有生命的可能性也比零高出许多。火星个子小，散热快，可能比地球抢先达到生命起源条件，生命在火星成形后，乘坐频繁出发的陨石列车，抵达地球，播种生命，这是目前无法排除的可能模式。地球生命的起源，可能和火星密切关联。

李杰信

美国的 MRO/HiRISE 特别为中国在火星乌托邦平原可能登陆地点之一拍摄的高清图像

Credit：NASA/JPL/University of Arizona

目录
火星，我来了

第一章 荧惑守心

逆行

当人类的祖先用肉眼仰望满天繁星时，他们发现每个夜晚，那些灿烂的群星，都好像手牵着手，以相对固定的方位，在天空出现。后来，他们把那些星星画在洞穴的墙壁上。

岁月静静地流淌。一天晚上，有一个人又在遥望繁星，他突然兴奋地大叫："我发现了！"然后跑到星星的壁画前，指着其中的一颗说："它是动的！它是动的！"发现了这个秘密以后，他就夜夜都去观望那颗星星，像深情地注视着他新的恋人一样，通宵达旦。

在地球的另一端，也有一群看星族，每夜都观测那亘古的苍穹。一天晚上，他们集体跳起来，不谋而合地指着西南天空的一角，叫着："那颗星星是动的！"

在人类使用文字之前，我们的祖先已至少有 5 次发现了宇宙的这一秘密。发现者的名字，虽然现在已无从考证，但数千年来，世界上每个主要民族的文化，却都不约而同地记载了这 5 颗星星的悲欢岁月。与众星不同的这 5 个天体，希腊人把它们称为"漫游者"，又称行星，被分别命名为水星、金星、火星、木星和土星。中国人则把它们叫作辰星（水星）、太白（金星）、荧惑（火星）、岁星（木星）和镇星或填星（土星）。

古代，在能用肉眼看得到的几千颗星星中，只有这 5 颗星星在天庭中不停地漫游，不守本分。虽然，人类那时无从知晓它们在夜空中周而复始奔驰的意义，但却认定那与上帝创造天地有关。因为，这 5 颗星加上另外两个飞奔的天体，即太阳和月亮，与《圣经·旧约全书》在"创世记"中记载的上帝创造世界的天数，恰巧应验，不谋而合。于是，西方文明就将太阳定为星期日，月亮为星期一，火星为星期二，水星为星期三，木星为星期四，金星为星期五，土星为星期六。

《圣经》认为，因为人类和地球是上帝创造的，所以人类和地球自然是宇宙的中心。早在公元前 350 年，古希腊哲人亚里士多德（Aristotle）就提出过以地球为中心的宇宙论。50 年后，据说另一位古希腊哲学家亚理斯塔克（Aristarchus），不同意亚里士多德的地球中心理论。他认为，宇宙的中心应该是太阳。但由于当时天体观测条件的局限，人们能见到的只是太阳朝起夕落，月亮忠心耿耿地绕着地球不停地旋转，人类又有什么理由去怀疑地球不是宇宙的中心呢？

公元 2 世纪，古希腊的托勒密（Ptolemy）发表了他的经典巨著《天文学大成》（*Almagest：the Greatest Book*），建立起以地球为中心的天文体系，成为西方哲学思维的主流，长达 1400 年之久。

根据托勒密学说，以地球为中心的众行星，其中自然也包括太阳，它们的运行轨道均为圆形，行星与地球保持固定距离，并逆时针方向旋转。如此，在地球上观察夜空，行星由西向东运行，亮度则应该是稳定的。

但是，当人类观察这 5 颗行星时，发现它们不但时而明亮，时而昏暗。更有甚者，火星竟然有时还不似其他行星，以固定的背景星为坐标，由西向东翱翔，它居然会偶尔发生由东向西运行的现象！这被人们称为逆行（retrograde）。

每当火星逆行时，天文学家往往沮丧得以头撞柱，不知做了什么大逆不道的事情，触怒了上帝，只好不停地在托勒密行星轨道系统上加上大小不一的独立小周转圆（secondary epicycle），试图表示所产生的逆行效应，并勉强解释亮度明暗变化的原因。直至哥白尼出现以前，这种小周转圆的数目，已达 50 多个[①]。

中古时期视觉敏锐的天文学家，没有发现过木星和土星也有逆行现象吗？也许是因为逆行规模太小，而没有引起他们的注意？

火星除了有大幅度的逆行动作外，亮度的变化也相当巨大，但最使人类畏惧的，恐怕还是火星血红的颜色。血，代表战争、暴乱、破坏和死

① 对托勒密的地球中心论有兴趣的读者，可参阅任何基础天文教科书，如 Jay M. Pasachoff 的 *Astronomy*（Saunders College Publishing，5th edition，1998）。

亡。三千年前，古巴比伦以黑死病神纳加（Nergal）为火星命名，在人类的占星术中为火星定了位，认为纳加“暗时吉、亮时凶”；波斯和古埃及以他们的战神为火星起了名；古瑞典人叫它 Tiu，也为战神，是英文星期二（Tuesday）的来源；古希腊人则用战神阿瑞斯（Ares）为火星命名；古罗马人继承了这个说法，使用了相应的罗马字 Mars（玛尔斯），而沿用至今。火星符号“♂”由矛和盾组成，显得杀气腾腾。

神州大地谁主沉浮

纵观世界各民族的文化，尤以中国对火星的畏惧为最。龙的传人的祖先称火星为“荧惑”，因其荧荧像火，而且亮度常有变化，顺行逆行情形复杂，有眩惑之意。《战国策》中云：“恃苏秦之计，荧惑诸侯，以是为非，以非为是。”《逸周书》中说到绩阳公四出征讨，所向无敌，重丘之人施美人计：“绩阳之君悦之，荧惑不治。”

荧惑也可能是神名之一，代表“朱雀之精”或“火之精”的“赤熛怒之使”。在中国，这也是火星之所以引起人们对火、红色和愤怒联想的原因。对于火星的恐惧，中国比古巴比伦更为变本加厉。由于中国术士的火上加油，荧惑不但与乱、贼、疾、丧、饥、兵等紧密相连，甚至还会威胁到皇帝的宝座，致使历代中国皇帝无不全力关注火星行止，恰如《史记》所说：“虽有明天子，必视荧惑所在。”

人类早就知道，所有的行星都在“黄道”带上运行。西方把黄道带分成十二宫，中国将星空分成五大天区，叫五宫。中宫是指大熊座（Ursa Major）附近的星空，又细分为三垣：紫微、太微、天市。在太阳跨过赤道往北移动那天，即中国人的春分，以中原（西安）地区星空为准，按东、南、西、北方向分为四宫，并以动物命名，称为四象：苍龙、白虎、朱雀、玄武。每宫再细分为七宿，共四七二十八宿。如东宫苍龙包含了角、亢、氐、房、心、尾、箕七宿，其中房、心、尾等星位于现代天蝎座（Scorpius）中。心星全名为心宿二，是天蝎座 α 星，为全天空第十五亮星。因其色红如火星，西方名为 Antares，意思是“火星的伴侣”，中文星名又称“大火”，如《史记》所云：“心有大火。”

根据《汉书 · 律历志》的记载，火星每绕一周的天数约为 687 天。当火星荧惑每 687 天接近一次心宿时，如若无其事地通过，不往回跑，中国史书则记载为“荧惑在心”，占星术士往往以火星的天文位置和可见度，为皇帝预测凶吉，一般不难过关。

但每一两百年，“荧惑在心”时又可能碰上“冲”（地球与火星的最近点），火星湛亮，向前走过心宿后，好像舍不得离开，又往回逆行，再次拥抱心宿后，才转向上路。在中国历史上把火星对心宿依依不舍之情记载为“荧惑守心”，是大凶之兆，轻则盗贼四起，重则群雄揭竿起义，共讨虐主，以正社稷。

关于“荧惑守心”，中国历史上有 23 次记录。历史学家黄一农在一篇论文中对此进行了深入的剖析。他发现在每次“荧惑守心”前后，都有社稷巨变，包括秦始皇、汉高祖、晋武帝、梁武帝等的驾崩，皇帝被废，丞相因天灾人祸自杀等，令人毛骨悚然。但经黄教授用电脑往回推算，赫然发现其中 17 次可能是伪造的。

当作者第一次读到这份历史资料时，不禁哑然失笑：火星在“守心”时可能离地球五六千万千米到一亿多千米，怎能有如此神奇的威力，竟被中国的野心家利用，左右了神州大地无数生灵数千年的命运！

天问

中国人的老祖宗，像地球上所有的人类一样，在神秘的星空下，看着宇宙瑰丽的演出，曾激动得不能自已而发出深邃的天问：“天何所沓？十二焉分？列星安陈？自明及晦，所行几里？”用白话讲，就是天与地在哪里会合？12 个月该怎么分？众星该如何安排？太阳由亮到暗，走了多少里？

两千年前屈原的 170 多个“天问”，以现代的观点审视，都是博士论文题目，并且可以作为一个研究者终生的追求。

秉承着这种精神，中国人在鲁文公十四年，即公元前 613 年，就已记载了“秋七月，有星孛入于北斗”，这是人类有关哈雷彗星（Halley’s Comet）最早的记录；春秋战国时代，就发明了每 12 年一周期的“岁星（木星）纪年法”；汉武帝时（公元前 104 年）测出水星的周期为 115.87 日，比现代值 115.88 日仅差 0.01 日；在公元前 28 年观测日面黑子，是全世界最早的记录；宋仁宗至和元年（1054 年）记载的“天关客星”的出现，为人类记录下第一颗超新星爆炸，至今尚为西方天文学家视为经典之作。

两千多年来，中国保存下来有关日食、月食、太阳黑子、流星、彗星、新星等丰富的记录，是现代天文学的重要参考资料。所以，的确有一段时间，中国的天文学在世界上遥遥领先，无可匹敌，原因是为问而问，别无他求。

作者不能确定屈原问的“自明及晦，所行几里？”指的是什么星星？月亮不太可能，因为他没用“自圆及缺”字眼；水星离地平很近，探测不易；金星虽亮，但没有火星大幅度的明晦变化和恐怖的逆行；木星和火星亮度相近，但逆行并不显著。所以作者认为屈原问的最可能的当然是太阳从早到晚到底走了几里，但作者也一厢情愿地认为，有一点点可能是火星。2020 年 7 月中国首发的火星探测任务就以“天问一号”命名。

且不论屈原问的是什么星星，肯定的是他对“明晦”和天体在轨道上走了“几里”中间的关系，发生了疑问。如果聪明打拼的中国人有自由发挥想象力的空间，对这个问题能锲而不舍地挖掘下去，说不定都可以得出太阳是宇宙的中心和火星轨道是椭圆形的结论，人类就不必再等上近千年，由后来的哥白尼和开普勒去发现了。

但中国皇帝坐上龙椅后，引出“荧惑守心”和其他占星天象，带来一片刀光剑影、血腥杀戮。皇帝得把天上的星星看好，否则性命难保。此后，古代中国天文只为政治服务，中国知识分子上千年来早已停止天问，噤若寒蝉。

而欧洲近代以来，天问不断，虽然天主教廷多方施压，但力量毕竟远不及中国皇帝的专制制度来得暴烈。西方由天文知识，发展出跨洋的导航技术，掠夺了整个世界的资源，发展出近代西方的工业文明。

火星的逆行和火星因与地球距离远近的不同而产生的明晦，是上帝给人类强烈的暗示：太阳是宇宙的中心。中国以这个天象，发展出“荧惑守心”的占星术，而哥白尼看懂了这本天书，发展出太阳宇宙中心论，促成近代中、西文明的分野，这是一个重要的转折点。

哥白尼

哥白尼认为，如果把太阳放在宇宙的中心，并允许地球每天自转一周，不只太阳和月亮的起落有了合理的解释，亦可圆满解释诸行星相关的位置和亮度的变化，而且，这个模式也很容易解释火星的逆行现象。

哥白尼问，为什么太阳不可以作为宇宙的中心呢？哥白尼主张太阳中心学说的《天体运行论》[*De revolutionibus orbium coelestium*（*On the Revolution of the Celestial Spheres*）] 1543 年问世后，致使托勒密以地球为中心的天文体系受到严重挑战。

人类早已知道地球绕太阳一周为 365 地球天，火星则为 687 地球天。换言之，地球绕太阳一周的速度比火星快 1.88 倍。这好比两个人在操场上赛跑，操场四面被远山环绕，假设你是跑在内圈的人，代表地球，而跑在外圈的人则代表火星。内圈的人比外圈的人速度快。这时，如果你——内圈的人，头上有架小型摄影机，我们在监视器中观看所摄的影像，以远山为背景，先看到的是外圈人和你同向而行，然后你与他接近并追过他，我们从影像上看外圈的人好像先是慢下来、停止，再往后退，即逆行。待距离拉大些后，两人在远山的背景下，又开始同向前进了。

长久以来人们对逆行现象的迷惑，完全归咎于以地球为宇宙中心的错误天体理论。

但如果依照哥白尼的太阳中心学说，包括地球在内的所有行星，都是围绕太阳旋转的，逆行则是一个从快速地球看慢速火星的必然的视觉现象。图 1–1 为天象仪（Planetarium）所模拟的火星在 8 个月中的逆行轨迹。图右为西方，火星由西向东顺行，在金牛座（Taurus）毕宿星团（Hyades）红巨星毕宿五（Aldebaran）处开始逆行，达 45 天之久，于昴宿星团（Pleiades）再转东顺行，在天空划出 V 字形。

图1–1　天象仪所模拟的火星在8个月中的逆行轨迹（Credit：Jay M. Pasachoff，*Astronomy: From the Earth to the Universe*，Saunders College Publishing，5th edition，1998）

虽然哥白尼的太阳中心理论是人类天文学上一个质的飞跃，但因哥白尼错误地使用了圆形轨道，所以仍然无法做到与观测的数据完全吻合。为此，他不得不在行星轨道上又加上了托勒密式的小周转圆作为弥补，严重地损害了哥白尼学说的革命性。反对哥白尼学说的人指出，如果地球真的是绕太阳移动，则在地球轨道上两个分离的最远点，应该看得到近距离的星星在远距离星星的背景下发生相对位移，即光学术语所说的“视差”（parallax）。视差是有的，遗憾的是，哥白尼时代的技术水平尚无法测量得到。

据说，在1543年哥白尼临终之际，才终于看到他的太阳中心学说成书问世。当然，那时由于教会的地球中心说仍势力顽强，哥白尼的学说只得有待后人去发扬光大了。

哥白尼的《天体运行论》，一直到200多年后的1760年，才由法国耶稣会传教士蒋友仁带到中国，献给乾隆皇帝。此时，中国天文学已经明显地远远落在欧洲后面了。

第谷

1563年，17岁的第谷（Tycho Brahe，1546−1601）目睹了一次木星与土星在夜空中会合的情景。第谷对哥白尼以太阳为中心的行星系统理论，深信无疑。当时，他应用哥白尼的行星体系表预测，误差竟达数日之多，激发了他以更精确的测量，来改进哥白尼行星位置表的宏愿。

第谷是个自我中心狂，20岁时与同学决斗时，被削掉了鼻梁，终身带着假鼻罩。1572年，第谷以发现在仙后座（Cassiopeia）的一颗超新星而成名。这种超新星为恒星死亡前的大爆炸，亮度常在几天内增强上亿倍。后来，第谷以他搜集的数据，发展出他自己的行星体系。第谷行星体系认为：5颗行星绕太阳，太阳和月亮绕地球。1600年，第谷雇用了开普勒为助手，次年，在参加一位伯爵的宴会时，第谷因不好意思离席去洗手间，引起膀胱胀裂而离开人世。

据说在第谷临终前，曾要求开普勒用其毕生搜集的火星数据，继续发扬第谷行星体系。但开普勒是一位客观的科学家，他要走自己的路。开普勒的理想是：对当时并存的托勒密、哥白尼、第谷三大天文思维体系进行一次彻底的检验。接收了第谷的火星资料库以后，开普勒本以为火星的轨道不出几个月就能被计算出来，不料，这一算就是8年之久。8年多的岁月，开普勒终于得出了托勒密、哥白尼、第谷三个模式都不正确的结论。

开普勒

开普勒是一个基督徒，相信上帝，也相信天堂。他认为天堂是完美无瑕的。火星在天上运行，是天堂的一部分。

宇宙间最完美的几何结构是圆球，诚如亚里士多德所说，天体一定是在圆形轨道上运转。开普勒虽然怀疑托勒密、哥白尼及第谷的学说，但又很难不接受亚里士多德的名言，但他实在无法使第谷的数据与火星的圆形轨道相吻合。开普勒认为二者必有一错：不是第谷的数据有问题，就是圆形轨道不对。虽然开普勒不欣赏第谷的为人，但对其数据却颇具信心。

开普勒问：火星的轨道可以不是圆形的吗？

他于是假设火星轨道为未知数，但仍然把地球轨道定为圆形，离太阳的距离整年365天（实际为365.26天）恒定不变，将其定为一个天文单位（AU，astronomy unit，地球到太阳的实际距离，到19世纪才定论，现代平均数值为149 598 000千米）。

以AU为尺度，地球在圆形轨道上的位置，很容易计算出来。譬如说，以1602年1月1日为起点，地球每天走360/365度，365天走完一圈［365×360/365=360（度）］，1603年1月1日，回到起点，重新出发。当时已知道火星绕日需用687天，也就是说，轨道上每个位置687天重复一次。火星每个地球天运行360/687度，速率是地球的53%，换言之，地球走完一圈，火星才走半圈多一点，而火星走完一圈，回到起点，地球已走了1.88圈。

在这 687 天里，地球每天的位置是很容易算出来的。除去阴天和火星在夜里不出现的日子，每天都可以从地球测量到太阳与地球之间、地球与火星之间这两条直线所夹的角度。火星在轨道上的每个点要从地球测量两次，也就是说，1602 年 1 月 1 日测量一次，687 天后火星回到原来位置时，于 1603 年 11 月 18 日，在不同的地球位置再测量一次，经过计算，才能取得一个三角的“一角两边”，确定火星在 1602 年 1 月 1 日的位置。而要把火星在 687 天中每天的位置都量出来，至少需要两个 687 天周期，也就是 3.76 年。

开普勒利用第谷留下的资料，加上他自己在 1602 年到 1604 年间搜集的（作者认为是第二个 687 天周期的新数据），推算出火星在太阳轨道上每点的位置。在那尚无对数和计算尺的年代，这是一项极为繁重的计算工作，更何况开普勒要求的精确度要到小数点后第六位。

在 1604 年到 1608 年这四年紧张的计算期间，像第谷一样，开普勒在 1604 年也发现了一颗位于蛇夫座（Ophiuchus）的超新星。虽然伽利略（Galileo Galilei，1564–1642）也同时看到了这颗星，但因为开普勒为它写了一本书，于是天文界就把这个荣誉给了他，命名这颗超新星为“开普勒超新星”。

行星运动三大定律

当开普勒计算完毕，用天文单位把火星的太阳轨道逐点标出时，一个漂亮的椭圆图形显现了。

以此类推，所有行星的轨道，包括地球在内，也应该是椭圆形的，并以太阳为中心运转。

椭圆程度的大小以离心率来表示。椭圆形有两个焦点，太阳占其一。当这两个焦点合二为一时，就成了圆形，以离心率来表示，则为零。以我们现代人的知识来看，地球轨道的离心率为0.016 71，很接近圆形，居太阳系八大行星中第六位，仅高于金星和海王星（Neptune）。反之，火星轨道的离心率为0.093 41，将近地球的6倍，占八大行星中第二位，仅次于水星。所以，开普勒将地球轨道假设为圆形，离谱不远。他于1609年公布的这个结果，被称为开普勒第一定律。同年，他又发表了开普勒第二定律，规定行星在轨道上速度变化的规律，简称为“等面积定律”。9年后问世的开普勒第三定律，则确定了行星的公转周期和椭圆主轴长度间的关系。

开普勒的三个行星运动定律，发现在牛顿的万有引力定律之前，至今仍然通用。

开普勒成功了。有人说他运气好，因为火星的离心率大，而恰巧地球的轨道又近乎圆形，在地球上测量火星的椭圆形轨道，特别容易。言下之意，如果火星是金星（离心率为0.006 77，八大行星中最小值），开普勒就可能接受圆形轨道一说，以后做出火星是椭圆轨道结论的就不是他了。这种说法，貌似有理，但火星已在自己的轨道上运转了45亿年，别人怎么不去量呢？按照当今中国人的说法，实有红眼病之嫌。

才华超群、刻苦努力的开普勒，站在哥白尼和第谷两位巨人的肩上，循着火星的轨迹，揭露了天上第一个最大的秘密，粉碎了1400多年的思想枷锁，把火星从圆形轨道的牢狱中释放出来。他找到的这把金钥匙，开创了人类现代天文物理的新纪元，为即将来临的望远镜时代，奠定了深厚的基础。

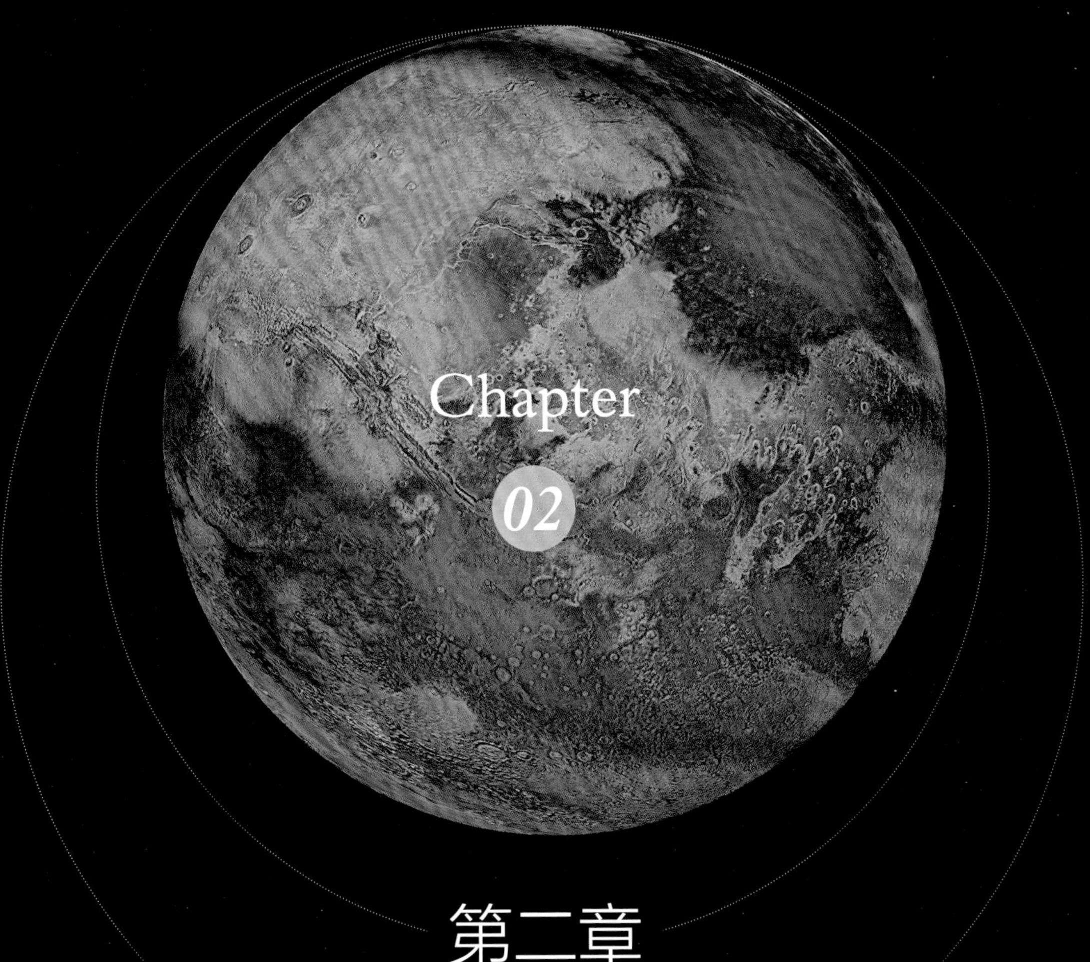

第二章
望远镜观测

“它是动的！”

望远镜到底是谁发明的，现已无从考证。我们只知道荷兰人理坡谢（Hans Lippershey，1570–1619）在1608年10月为望远镜申请过专利，但没有被荷兰政府批准，原因是望远镜原理已为当时很多人知晓。这与5颗行星也没有确证发现者的情形十分相像。可能的情况是，望远镜的确是理坡谢发明的，但他犯了申请专利的大忌：口风不严，先行喧嚷了出去。据记载，1609年4月，在法国巴黎和德、英、意三国主要城市的街头，已经可以买到望远镜了。这消息肯定很快就传到了在大学教数学、住在威尼斯附近的伽利略耳中。

有关开普勒的同年代人伽利略及其第一架望远镜的故事，有好几种版本。最友善的说法是伽利略发明了望远镜。以我所知，这种传说不对。还有的说：伽利略在1609年7月听说了望远镜这件事以后，自己便很快磨出了两片凸透镜，组装成一架9倍的望远镜。这个说法的可信度很高。最恶毒的记载是：荷兰的理坡谢前往威尼斯，向当地海军兜售望远镜时，伽利略乘机偷窃了他的设计图。

当时，45岁的伽利略正在为他的终身教职聘书一事发愁。有了这架9倍的望远镜以后，他向一位与政府有关系的同事展示，这位同事大为赞赏，于是，让伽利略把望远镜架在海边，由他安排威尼斯议员前来参观。威尼斯是个水城，敌人历来都自海上入侵。以肉眼监视海平面，发现敌情后，威尼斯最多只有几个小时的准备时间，而议员们通过望远镜，可以一直看到约60千米外的海平线。帆船时速约六七千米，使用望远镜后，威尼斯则可多出好几倍的备战时间。于是，衮衮诸公便以为望远镜是伽利略发明的，感激之余，马上任命他为终身教授，又史无前例地给他猛加薪水。

假如这个记载属实，即使荷兰的理坡谢真的到过威尼斯，向海军推销过望远镜，因并未造成轰动，所以连议员们都无从知晓的消息，一介书生伽利略，又怎么可能得到理坡谢来访的消息呢？更不要说偷窃设计图之事了。不管后人如何处理伽利略和他第一架望远镜的史料，作者倒情愿认为是近代作者哗众取宠的杜撰。

伽利略花了4个多月的时间，处理完紧急的世俗杂事，在1609年11月30日夜里，把他的第二架20倍的望远镜，瞄准了月球，正式揭开了人类用望远镜观测天体的序幕。据记载，英国哈里奥特（Thomas Harriot，1560-1621）比伽利略早几个月观月，但没有公布结果。

伽利略看到月亮上有山，有陨石坑，还有被他称为“玛利亚”（Maria，沿用至今）的黑色月海。他也观测到了木星的4颗卫星，直接证明了天体不一定都要围绕地球旋转，否定了当时的主流托勒密派的地球中心论。伽利略还看到了土星复杂的环系和太阳黑子，看到了银河系模糊的星云中无数灿亮的星星，使人类的天文观测走出了太阳系，扩展到整个宇宙。

在当时托勒密的天体仪上，金星位于地球与太阳之间，或晨或夕，永远伴随着太阳。所以，从地球看去，金星应永呈“新月”状，没有“满月”的可能。伽利略以金星一周期225天的时间，观测到它赫然有完整的“阴晴圆缺”，直接证明金星绕到了太阳的远侧“合”的位置，再次提升了他笃信的哥白尼太阳中心学说的地位，使托勒密天体理论，又向坟墓接近一步。

当伽利略把望远镜转向火星时，已是1610年3月间的事了。

伽利略是人类历史上一位才华横溢的科学家。除了杰出的科学贡献以外，他更以一个科学家对真理的良知和责任，坚持对天主教廷的抗争，从而赢得了后人永恒的尊敬。

1633年，由于教廷认为伽利略宁死不悔地支持哥白尼日心论，而判处他终生在家软禁。如果宇宙真的以地球为中心运行，那地球一定是静止不动的，别的天体才好绕它公转。据说，在伽利略78岁临终前，手指苍天，说：“它（地球）是动的！”

直至1992年，伽利略的冤案才被教皇保罗二世平反。

为了纪念伽利略对人类的贡献，美国国家航空航天局将1989年发射的木星探测仪命名为“伽利略号”宇宙飞船。在前往木星的途中，“伽利略号”与两颗小行星[①]（asteroid）加什普拉（Gaspra，长·宽·高为19·12·11千米，编号951）、伊达（Ida，长为52千米，编号243）会合，并发现伊达还有个小卫星达克托儿（Dactyl，图2-1）。

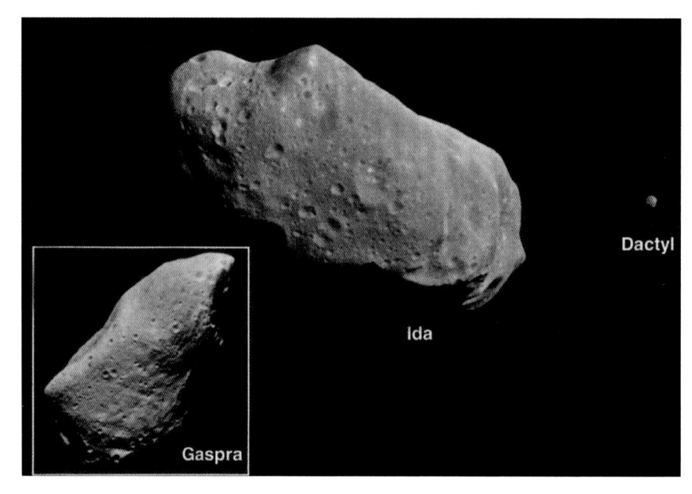

图2-1 “伽利略号”宇宙飞船访问的小行星加什普拉和伊达及其小卫星达克托儿（Credit：NASA）

1994年7月，在彗星苏梅克－列维（Shoemaker-Levy）碰撞木星的6天内，“伽利略号”拍摄到多幅从地球上无法看到的珍贵照片。经过多次地球和金星的重力助推[②]，“伽利略号”于1995年抵达木星，送出“神风特攻队”自杀性大气探测器，冲进木星大气层，在长达600千米、为时57分钟

① 在火星与木星间有一个小行星带，有近10万个大小不等的小行星，皆以数字编号，直径由几千米至数百千米不等，所有小行星加起来的质量，仅为我们地球月亮的4%。

② 重力助推，见第十章“往返火星”的“双程”一节。

的坠落过程中，发现木星风速可达每小时 530 千米，也如预料，没有落到固体地表。

1999 年底，“伽利略号”在完成了对木星的两颗卫星木卫二（Europa）及木卫一（Io）的探测后，功成身退。木卫二上面龟裂的水冰（water ice）壳下可能有巨大的水海洋，是人类在太阳系寻找生命的重点之一。木卫一有活跃的火山活动。火山活动与生命的起源、发展有密切的关联。这一点，作者将在后文谈及。

“冲”

1610 年 3 月并不是观测火星的理想时机，但伽利略还是看到了“火星不是圆的”。翻译成科普语言就是：火星亦呈新月状。有关伽利略对火星观测的记载，大略如此。

从地面观测火星的时机，牵涉地球与火星的相对位置。懂得这个简单的概念，有助于了解以后的章节。

地球每 365 天绕日一周，而火星需要 687 天。地球绕日的速度相当于火星的 1.88 倍。这好像两个人在运动场跑步，内圈（地球）比外圈（火星）快。假如刚好快两倍，地球走完两圈，火星走完一圈，则每 365 乘以 2，即 730 天地球会追上火星一次。但地球实际速度比两倍慢点，所以需要两圈多一点才能追上。多出多少呢？这其实是个简单的龟兔赛跑问题，答案为 2.134 圈，也就是每 365 乘以 2.134，即 779 天，地球才能追上火星一次。为了方便记忆，我们不妨凑个整数，把 779 天说成 780 天。对火星铁粉而言，780 天无疑是一个最重要的数字。

我们把地球每 780 天追上火星一次这个概念推广一些，就是说，任何一组地球与火星的相关位置，会在每 780 天重复一次。举例来说，地球与火星最接近的位置“冲”，每 780 天重复一次；分开最远的位置“合”，每

780 天重复一次；分开 44 度夹角的位置，每 780 天重复一次；分开 75 度夹角的位置，每 780 天重复一次。美国国家航空航天局可以每 780 天发射一艘前往火星的宇宙飞船。

总而言之，所有与火星探测有关的事情，都是以 780 天为周期的。以上所举的例子，有助于理解本书后面的内容。

粗略地说，地球与火星间距离最近时的位置叫“冲”，英文为“opposite”，含对立之意。地球与火星间距离最远时的位置叫“合”，英文为“conjunction”，有联结之意。作者第一次接触到这两个字的时候，马上产生疑问：为何近点对立、远点反而联结呢？想了很久，才恍然大悟，原来这又是地球中心学说的产物。以地球的观点来看，火星与地球的近点，也是火星与太阳“对立”在地球两侧“冲”的位置，而“合”则是太阳与火星在地球同侧的联结。所以“冲”与“合”两字，仍然念念不忘人类地球为宇宙中心的辉煌时代。

地球和火星都是以椭圆形轨道绕着太阳旋转的，太阳位于椭圆形两个焦点中的一个，呈偏心状态。

地球距太阳最近点为 147 100 000 千米，最远点为 152 200 000 千米，平均为 149 600 000 千米，一般记住 1.5 亿千米即可。其远近只差 500 万千米多一点，轨道接近圆形，使冬夏两季度的时间长短差异不大，得天独厚。

火星距太阳最近点为 206 500 000 千米，最远点为 250 000 000 千米，平均为 227 900 000 千米。远、近两点的差距近 4350 万千米，几乎是地球的 9 倍，导致南极冬天（183 天）比南极夏天（158 天）长很多，造成火星南北两极二氧化碳冰帽循环的特有现象，在第六章中详述。

人类对火星观测最好的时机，是地球和火星在“冲”的位置。地球和火星每 780 天“冲”一次。地球和火星在两个独立的椭圆形轨道上运转，“冲”可能发生在轨道上的任何一点，以至于在每个“冲”的位置时，地球和火星间的距离有非常大的变化。

表 2-1 是 1999 年后发生“冲”的日期，以及地球与火星间的距离。

表 2-1　“冲”的日期 / 地球与火星的距离

“冲”的日期	地球与火星间的距离（单位：百万千米）
1999 年 4 月 24 日	86.03
2001 年 6 月 13 日	67.99
2003 年 8 月 28 日	55.53
2005 年 11 月 7 日	70.39
2007 年 12 月 28 日	89.92
2010 年 1 月 29 日	99.55
2012 年 3 月 3 日	99.55
2014 年 4 月 8 日	92.30
2016 年 5 月 22 日	75.75
2018 年 7 月 27 日	57.83
2020 年 10 月 13 日	62.50

图 2-2 标出了 2003 年 8 月 28 日到 2018 年 7 月 27 日间，地球和火星在它们椭圆形轨道上“冲”的位置。2003 年 8 月 28 日为大“冲”，火星与地球最接近。大“冲”每 15 年到 17 年重复一次，2003 年后，等到 2018 年 7 月 27 日才再出现一次。大“冲”期间，是地面观测火星的黄金时段。

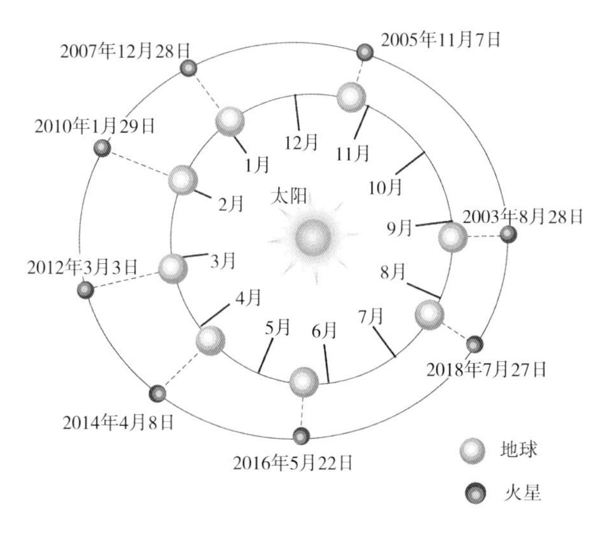

图 2-2　2003 年 8 月 28 日到 2018 年 7 月 27 日间，地球和火星在它们椭圆形轨道上“冲”的位置

图 2-2 虽然“冲”的主要概念并不难理解，但火星与地球的两个椭圆形轨道，因为离心率不同，并不处处平行，而且两个轨道的平面间也有 1.85 度的夹角，所以严格来说，火星与地球的最接近点常常发生在“冲”的前后几天。为方便起见，作者把“冲”和火星与地球的最接近点当成一回事。

在“冲”时，火星像一盏红色的小灯笼，高悬星空，很容易用肉眼看到。在“冲”之前，火星每天在夜空中由西向东移动些许，由于地球快速向火星接近，火星由西向东移动的速度仿佛逐渐降低、停止。地球在“冲”的前后追过火星，火星开始由东往西逆行，可达一两个月之久；到地球领先些许后，火星的逆行才减慢、停止及再转向。待地球遥遥领先，火星又恢复了由西向东移动的常态（图 2-3）。

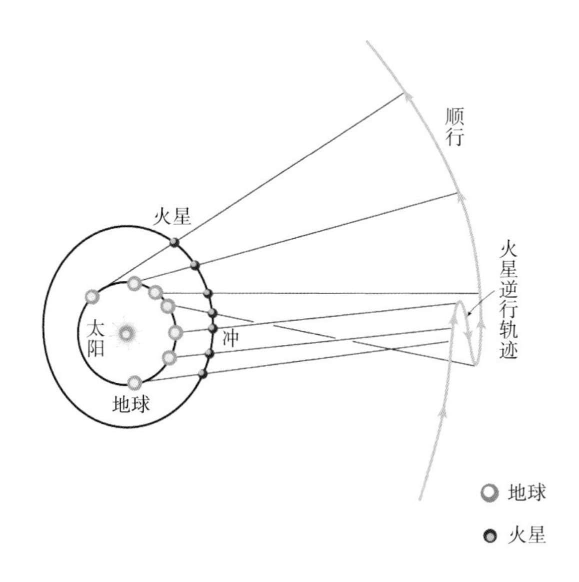

图 2-3　火星逆行本是一个从快速地球看慢速火星必然的视觉现象

发射窗口

为了最有效地追上火星，前往火星的宇宙飞船通常在“冲”发生前 100 天左右发射。这就是所谓的“发射窗口”。现在读者可以算出，1998 年底到 1999 年初，是宇宙飞船出发的好时间。美国国家航空航天局在此期间发射了“火星气象卫星”（Mars Climate Orbiter，MCO）和“火星极地登陆者号”（Mars Polar Lander，MPL）等宇宙飞船。在 2001 年 3–4 月，本应再度发射前往火星的宇宙飞船，因“火星气象卫星”和“火星极地登陆者号”抵达火星后发生事故，2001 年的发射部分延迟：“火星勘测 2001 登陆者号”（Mars Surveyor 2001 Lander）取消，容后再议；“火星勘测 2001 卫星”（Mars Surveyor 2001 Orbiter）改名为“2001 火星漫游号”（2001 Mars Odyssey），仍然如期发射。2000 年 6 月 23 日美国国家航空航天局公布了近代火星液态水遗迹的新发现，2003 年开始对火星的水进行了新策略完整系列的探测，在第八章“跟着水走”节内详述。人类毫不懈怠地使用了 2003–2018 年中间的每个发射窗口，在第十二章“新世纪火星任务”节内详述。

2020 年的发射窗口，在 7 月初旬后开放约 30 天。

惠更斯与卡西尼

自伽利略 1610 年观测后的 20 多年间，火星似乎被人遗忘了。作者想可能是由于人类掌握了锐利的工具望远镜以后，行星和众天体就不再只是一个光点，天上明亮好看的东西太多，致使众天文学家目不暇接，火星只得暂时失宠，退居二线，平白浪费了许多宝贵的“冲”，直到 1636 年意大利人房塔纳（Fontana）才画下了一张火星图，不过后来发现他画的只是望远镜镜头上的光学缺陷，并不是火星。

为人类记录下第一幅火星地貌素描图的荣誉，应归于荷兰数学家惠更斯（Christiaan Huygens，1629–1695），但那已是1659年11月底，牛顿17岁时候的事了。惠更斯看到的是色蒂斯大平原（Syrtis Major，阿拉伯语，意为大流沙海），略呈三角形，样子更像半只漏斗钟，黑色，为火星上最明显的地标。这张素描（图2–4）画得非常逼真，但上南下北，左东右西，却是反的。记得中学课本上的解释吗？物体光线通过望远镜的物镜后成实像，上下、左右调换位置，所以天文观测家的手图都是反着来的。

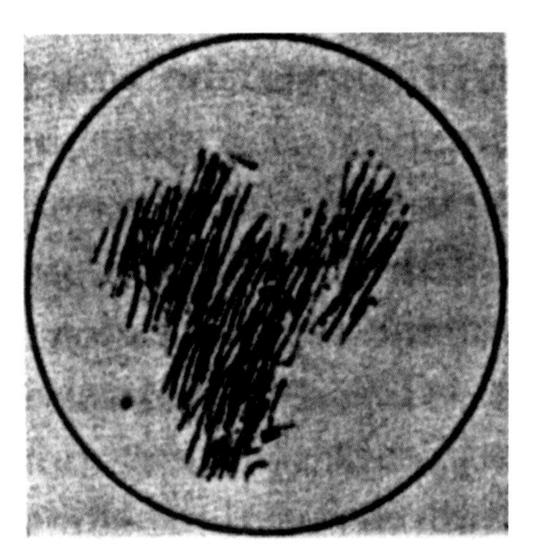

图2–4　惠更斯色蒂斯大平原手图

1990年12月13日，即“冲”后的16天，火星距地球8500万千米，哈勃太空望远镜刚升空8个月，在患有严重散光症状、等待修复期间，曾摄得一张模糊不清、与修复后无法相比的照片（图2–5）。黑色的色蒂斯大平原在中央，指向右上角北极方向。惠更斯手图形状，与这张330年以后的太空望远镜照片大体相似。火星最显著的本色是红棕色和黑色，这张照片色调偏绿，是为得到最佳效果所做的电脑设定。图2–4惠更斯的色蒂斯大平原地图，与这张照片极为相近。

色蒂斯大平原常被用来鉴定一个人对火星知识的多寡，所以这本书的主要目的之一，就是希望读者能记住火星上有个色蒂斯大平原，并能知道它的一些掌故。

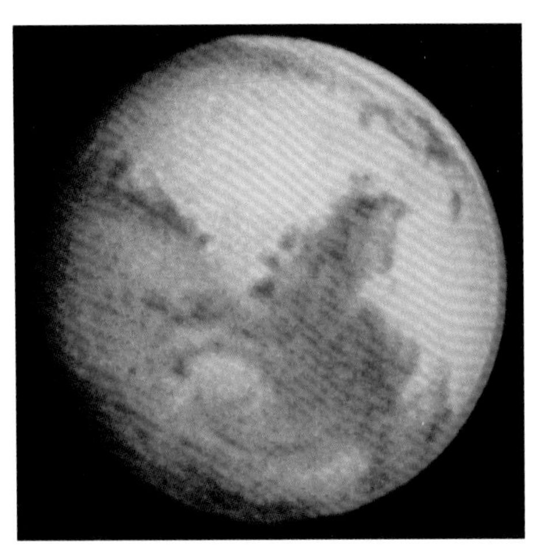

图 2-5　哈勃太空望远镜在 1990 年 12 月 31 日修复前摄得的第一幅色蒂斯大平原照片（Credit：NASA）

惠更斯以色蒂斯大平原为记号，观察它在 24 小时内的移动，发现火星有自转现象，周期很接近 24 小时。7 年后，意大利的卡西尼（Jacques Cassini，1625–1712）进行了更为精确的测量，定出一个火星日（叫 Sol，以与地球的 Day 区别）为 24 小时 40 分钟，与现代数值 24 小时 37 分 22.662 秒相比，仅差约 2.5 分钟。

在 1672 年“冲”的期间，惠更斯与卡西尼都先后看到了南极的冰帽。卡西尼并与人合作，在相距 6500 千米的巴黎和南美洲东北海岸，同时观测火星的位置，发现两地有 0.003 度的差异，以简单的“两角一边”三角几何，第一次为人类测出了地球与火星间的距离约为 80 000 000 千米，再使用开普勒第三定律计算，这个距离等于 0.53 天文单位，于是推算出地球距离太阳 139 200 000 千米，与 19 世纪后的现代平均数值 149 597 870 千米相差不远。这是一项划时代的贡献。

1673 年后，卡西尼归化法国，受到法国宫廷重用。卡西尼家族祖孙四代，加上侄儿马拉迪（Maraldi），皆为世袭天文官。马拉迪认真地利用了 1672 年到 1719 年间每个“冲”的机会，搜集了大量火星数据，包括南、北极冰帽与地貌的周期变化等。卡西尼家族的天文时代到 1793 年法国大革命时结束。惠更斯和卡西尼在晚年时，眼睛都瞎了，有的同代人认为，他们遭到了天谴，因为他们看到了太多上帝的秘密。

为了纪念惠更斯和卡西尼这两位同代的伟大天文学家对人类的贡献，1997 年，美国国家航空航天局与欧洲航天局（European Space Agency）合作，发射了耗资 20 亿美元的“卡西尼号”宇宙飞船，已在 2004 年抵达土星进行探测，其携带的主力科研设备“泰坦”（Titan，土卫六，太阳系中唯一有大气层的卫星）大气探测仪，被命名为“惠更斯号”。

牛顿与爱因斯坦

牛顿是在伽利略去世的那年，即 1642 年出生的。他 23 岁时，为逃避伦敦鼠疫，回到乡下老家，住了约两年。在这段时间里，牛顿研究出苹果和行星都受到相同的力量管辖，即俗称的万有引力，并提出了牛顿三大定律，这是人类有史以来最伟大的发现之一。牛顿为了用数学表示他的理论，还发明了微积分。

当年作者在大学修“古典力学”，第一次以牛顿力学，奇迹般地导出了开普勒三定律，作者着实为它入迷过一阵子。

牛顿提出三大定律 335 年后，牛顿力学在太阳系行星和宇宙飞船航行轨道的计算上，仍然适用。但它对水星轨道却不适用。水星离太阳最近，它的离心率为 0.205 63，在原九大行星中名列第二，仅次于冥王星的 0.248 81。以牛顿力学计算，它的轨道近日点的位置，与观测数据每一百年有 43 角秒[①]（arc second）的误差，约为月亮张角的1/40，在爱因斯坦相对论出现前，是当代天文界的世纪大悬案。

牛顿力学不限制物体运动的速度，多快都成。麦克斯韦（James Clerk Maxwell，1831–1879）电磁波理论出现后，实验证明光速恒定，不受相对运动的影响，所有物体的速度不得超过光速。这些与日常生活经验不符合的结论，引起爱因斯坦对牛顿力学的怀疑，提出了“狭义相对论”，给高速运动下的物体，立下了规矩，并间接导引出$E=mc^2$，确定能量与质量是一体的两面。

牛顿力学的另一个特性是时间永远以一定的步子向前流，与物体运动的快慢毫无关系。但为了满足光速恒定的条件，时间在以不同速度运动和不同重力场坐标世界中，一定要有伸缩性。爱因斯坦的“广义相对论”把时间与我们熟悉的三维空间，在重力场中结合在一起，构成了弯曲的“四维空间”。1919年发生日全食时，英国的爱丁顿（Arthur Stanley Eddington，1882–1944）以星光受太阳重力场的弯曲程度，证实了爱因斯坦的“广义相对论”理论，使爱因斯坦隔夜成为人类有史以来最出名的科学家。

水星离太阳近，离心率高，轨道上每一点的重力场都有变化，造成近日、远日两点有些不同的“四维空间”弯曲。把这个牛顿力学里没有考虑的因素加进去，水星轨道近日点的世纪大悬案，便迎刃而解。近代精密的观测，金星和地球也同样有牛顿轨道近日点位置的误差。类似现象，在脉冲双中子星和黑洞系统中，尤为明显，只有用爱因斯坦的“广义相对论”才能解释。

反射望远镜

理坡谢的望远镜是折射式的，光要通过透镜后才能聚焦。可见光由红、橙、黄、绿、蓝、靛、紫等各色光组成。玻璃对不同颜色的光有不同的折

① 一个圆周为360度（degree），每度分60角分（arc minute），每角分含60角秒。所以一度有60乘60，等于3600角秒。月亮的张角约为半度，或30角分，或1800角秒。

射率，在通过玻璃透镜后，因各色光焦距不同，形成一串彩色缤纷的光点，成像模糊不清，称为色像差（chromatic aberration），是折射式望远镜极难克服的缺陷。牛顿率先提议以反射镜面聚光，星光聚集不必穿过玻璃材料，彻底解决了色像差的问题。反射镜面的弧度为抛物线，把微弱星光凝聚在一点，清晰度大为增加，是望远镜科技的突破。

1719 年后，人类对火星的观测减少了，前后 27 个“冲”乏善可陈。直到 1777 年，英国 39 岁的赫歇耳（William Herschel，1738–1822），以他新式的 2.1 米反射望远镜，再次观测到火星南北两极闪亮的冰帽。两个“冲”后，他又造好了一个更大的 6.1 米反射望远镜，在 1781 年 3 月 13 日，赫歇耳先看到火星南缘有个亮点，出现在晚上 10 点到 11 点之间。他又使用 2.1 米望远镜复查，证实那个亮点是一颗行星。默默无闻的赫歇耳，因此扬名天下。

赫歇耳本想以他的雇主英王乔治三世为这颗行星命名，但未被天文学界接受。最后还是以希腊神话中的乌拉诺斯神（Uranus）称呼，中文叫天王星。天王星的直径是地球的 4 倍，最明亮的时候可用肉眼看到。人类是借助望远镜，才终于发现了它。这是望远镜在 173 年的发展过程中，对人类文明最大的贡献。

在 1783 年 10 月大“冲”期间，赫歇耳兄妹观测到火星的自转轴与轨道平面有 28.70 度的倾角（现代值为 25.19 度），并有大气层存在的迹象。地球的倾角为 23.50 度，使地球四季分明，他们推测火星也应和地球一样，存在春夏秋冬。这个重大发现，使 18 世纪的人更深信其他行星，尤其是火星，应有居民存在。在观测中，赫歇耳认为，火星的黑色地区是海洋，如色蒂斯大平原，浅色地区是陆地。

以近代知识理解，目前火星的大气压为 600 ~ 700 帕，是地球气压（约 10^5 帕）的 1/150。在低压下，水的沸点降低。这好比我们在高山上烧水，海拔愈高，大气压力越低，水的沸点也越低。有趣的问题是：在什么压力下，水的沸点能降到和水的冰点一样呢？答案是 610.7 帕。在这个压力下，冰会直接挥发成水蒸气。所以，在火星目前的大气压力下，液态水不可能在火星地表存在，只可能存在于深谷或地下矿场。

另外，火星地表黑色的物质可能来自火山爆发后的灰烬。据现代理解，在几十亿年前，火星具有较高的大气压，可能曾有过澎湃的海洋，也曾发生过多次如《圣经》中诺亚级的大洪水，但现在早已海枯石烂，销声匿迹。

1783 年以后，赫歇耳把注意力转向宇宙中的恒星和星云，火星观测的棒子被其他热情的天文学家接了过去。在这期间，法国人勒威耶（Urbain-Jean-Joseph Le Verrier，1811–1877）因天王星轨道的计算，与牛顿力学略有偏差，而预测了一颗新行星应该出现的位置。他先与衙门深沉的法国天文台接洽，得到的反应是让他排队等候，他便即刻与欧洲其他国家联络。德国人伽勒（Johann Gottfried Galle，1812–1910）在 1846 年 9 月 23 日接到勒威耶的通知，当晚就把望远镜指向预测的位置，果然发现海王星出现在勒威耶预测的地点。

其实在早一年，英国人亚当斯（John Couch Adams，1819–1892）也曾有过相同的预测，但以艾里（sir George B. Airy，1801–1892）为首的英国天文观测家集团却对此嗤之以鼻，不予理睬，造成科学史上一次重大失误案件。

1989 年，地面望远镜和“航海者二号”先后发现海王星有 5 个环，其中 3 个分别以亚当斯、勒威耶及伽勒命了名，如果亚当斯地下有知，真会吐出一口幽幽的怨气。

海王星的发现，是牛顿力学一次伟大的胜利。

1877 年 8 月 18 日，美国海军天文台的霍尔（Asaph Hall，1829–1907），发现了火星的两颗小卫星，分别以古希腊战神阿瑞斯的两个仆人佛伯斯（Phobos，意畏惧）和底马士（Deimos，意惊慌）命名，中文译名是火卫一、火卫二。这两颗有趣的卫星，作者将在第七章“火星的月亮”再谈。

火星肥皂剧

经过几代科学家的努力，意大利的夏帕雷利（Giovanni Virginio Schiaparelli，1835–1910）在1877年画出一张有113条“自然河道”的火星地图，将火星以一个真实世界的面目向人们展示，并第一次使用意大利文“canali”来形容火星上类似河道的地貌。“canali”有“自然河道”和“运河”双重含义，而夏帕雷利也的确是以“自然河道”为主要意思，但传到英语国家后，“canali”被过滤成理所当然的“canal”，丢弃了“自然河道”的含义，只剩下“运河”一个意思。想象力丰富的美国人，联想到“运河”需要“火星人”挖掘，于是开始了对火星文明世界无边无际的幻想!

火星因为英文“运河”一词而打入了普罗大众社会。当时的大时代背景是，1869年苏伊士运河刚刚建完，修建巴拿马运河的想法正在媒体上热烈讨论，“运河”一词的确带有工业文明世界醉人的魔力。这时，美国马萨诸塞州波士顿市有位富有世家子弟洛韦尔（Percival Lowell，1855–1916），他的弟弟是哈佛大学校长，小妹是抽雪茄烟的新潮派诗人，他称自己是旅行家、作家和幻想家。1893年，洛韦尔从东方倦游归来，被火星运河的魅力深深吸引住，决定在亚利桑那州大峡谷附近、人烟稀少、空气干燥的旗杆镇（Flagstaff）郊区，自费兴建洛韦尔天文台，专门观测火星的“运河”系统。

在近23年的观测中，洛韦尔画了不下500多条火星运河，其中有些甚至被专家鉴定认可。在这期间，绿色的小火星人开始在通俗漫画中大量出现。1924年8月24日大“冲”时，美国人托德（Todd）特别要求陆军停止无线电通信3天，好让他监听从火星传来的电波。1938年，哥伦比亚广播系统（CBS）播出作家威尔斯（Wells）的科幻小说《星际大战》（*War of Worlds*），新泽西州的老百姓信以为真，以为是火星人入侵地球，纷纷向郊区疏散，教堂也挤满了向上帝祷告的信徒，国民警卫队总动员，着实折腾了一番。

冥冥之中……

洛韦尔重复了上文提到的，因天王星轨道的偏差而导致发现了海王星的历史，认为海王星轨道也有异动，可能是受一个外围行星 X 的影响，并预测一颗新的行星应出现的位置。1930 年 2 月 18 日，洛韦尔死后 14 年，在洛韦尔天文台工作的汤博（Clyde William Tombaugh，1906–1997）终于发现了冥王星（Pluto）。虽然专家认为冥王星质量太小，为地球的 0.001 8 倍，无法使海王星的轨道发生变化，但洛韦尔歪打正着，促成 20 世纪唯一的一颗行星的发现，完成了太阳系九大行星系统（图 2–6）。

图 2–6　太阳系九大行星图（Credit：NASA）

有些专家认为，冥王星“血统”不纯，和其余八大行星不是同类，应属“矮行星”等级，于 2006 年把冥王星降级，除名太阳系行星之列。

当代天文界虽然没有强大的证据，来终止洛韦尔的火星运河之恋对老百姓概念的误导，但总觉得他是胡搅蛮缠，盼他赶快销声匿迹。而冥王星的发现，却使洛韦尔有了一颗永远和他的名字同时出现的行星，作者相信他在棺材里都能乐得翻个身。

作者在 2000 年 2 月路过亚利桑那州大峡谷附近的旗杆镇，拜访了洛韦尔天文台博物馆和附近的洛韦尔坟墓。坟墓造型如天文台，仿佛仍然在观测着火星上他想象中的运河。现在，那架他使用了 20 余年的 24 英寸（约 61 厘米）克拉克（Clark）折射望远镜，早已解甲归田，在幽幽的灯光下，供世人观赏（图 2–7）。

图 2–7　作者拜访了洛韦尔天文台博物馆和其附近的洛韦尔墓

不识庐山真面目

从地面观测火星或任何天体，不论使用多大的望远镜，因为地球大气充满水汽和流动大气层的阻挠，永远像雾里看花。

1956 年 9 月 10 日大“冲”前的 18 天，美国天文学家艾默生（Emmerson）用威尔逊山（Mt. Wilson）1.5 米反射式望远镜，摄得作者认为最清晰的一张由地面看火星的照片（图 2–8）。这张照片继承了数百年天文照片的传统，也是反的。照片右上方的白色亮区是火星南极，右侧较亮的浅黄色区域是赫拉斯盆地（Hellas Basin），赫拉斯下方的黑色地盘是色蒂斯大平原，两者同为地面望远镜观测时代火星上最显著的地标。

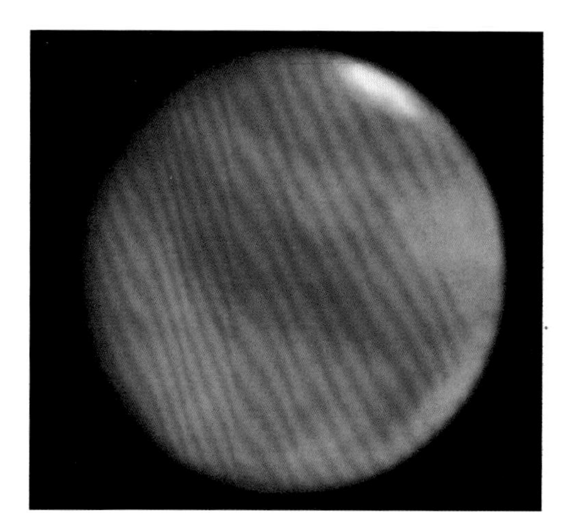

图 2-8 美天文学家艾默生摄得一张由地面看火星的照片（Credit：NASA/JPL）

为了使成像更加清楚，艾默生得遮住 1.5 米镜面的大半，只使用中心 50 厘米的部分。

所以从地面观看火星，清晰度并不受望远镜大小的限制，麻烦是出在地球的大气层，它不但流动不停，密度和温度不均匀，所含的水汽也时有变化，是地面观测无法解决的问题。当然，火星离地球还是远了些，即使在 1956 年的大“冲”时，也有 5600 万千米之遥，再加上火星本身不安分的大气，又有季节性的尘暴（dust storm），真是重重面纱遮住了火星的庐山真面目。如果没有技术上的突破，恐怕就只好永远像洛韦尔时代，公说公有理、婆说婆有理地纠缠不清了。

1957 年 10 月 4 日，苏联“人造卫星一号”（Sputnik I）升空，人类进入了太空时代。

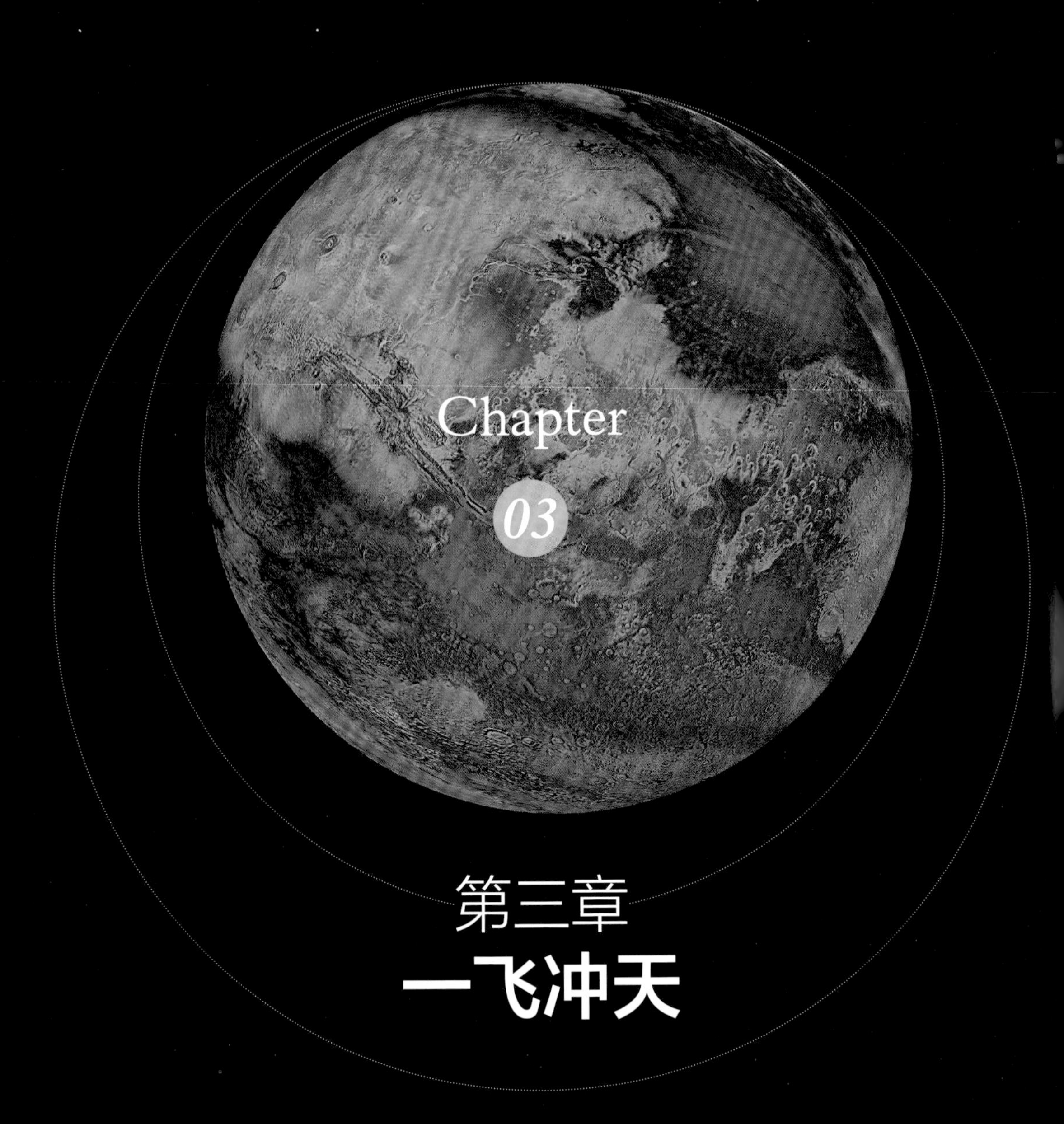

第三章
一飞冲天

想象你是大力神，站在珠穆朗玛峰的顶端，轻轻地把一枚棒球抛出去。因为棒球速度有限，在空中飞行了几百米后，就落回地面。你说不行，不够远，于是多加点劲。这次棒球飞出去远了很多，但最后还是坠回地面。你逐次增加力量，棒球越飞越远。直到有一次你拼命一抛，发现棒球不见了。

85 分钟后，它竟然由你头顶呼啸而过，不再落地。你很快地用牛顿力学计算一下：它的飞行速度为每秒 7.8 千米，作用在棒球上的离心力等于重力。啊！棒球原来已进入低地球轨道（low Earth orbit，LEO），成为一颗人造卫星，不再落回地面了！（注：在珠穆朗玛峰高度的卫星轨道，因为空气阻力太大，实际上不可能存在，在此仅作为一个说明的例子。）

几百万年来，人类被重力困在地面，只能向灿烂的星空遥拜。要冲破地心引力，进入太空，不是件容易的事。人类由步行、骑马，发明火车、汽车、喷气式飞机，速度逐渐增快。超音速战斗机以近 3 倍音速飞行，速度不过是每秒 1 千米，距秒速 7.8 千米还是差了很一大截。要达到这么高的速度，得使用火箭。

太空竞赛

近代火箭技术的发展，主要归功于俄国的齐奥尔科夫斯基（Konstantin Tsiolkovsky，1857–1935）、德国的欧伯斯（Hermann J. Oberth，1894–1989）和美国的戈达德（Robert H. Goddard，1882–1945）。第二次世界大战后，美、苏两国以其从德国抢过来的 V–2 火箭专家为基础，积极发展军用远程导弹，并暗中较劲，抢攻低地球轨道“高地”。

苏联“人造卫星一号”率先于 1957 年 10 月 4 日升空，成为人类第一颗人造卫星。当它像一辆金色的战车，以凌人的科技优势，掠过北美大陆的夜空时，美国被彻底的震撼了。

1961 年 4 月 12 日，加加林（Yuri Gagarin，1934–1968）成为第一个飞

上太空的人，美国又迟了一步。在排山倒海的舆论压力下，美国决策人绞尽脑汁，设计了阿波罗（Apollo）登月计划，举全国之力，与苏联拼搏太空科技胜负。

阿波罗登月计划的核心构思是美国不再跟在苏联后面追赶：登月所需的巨大火箭没人有，登月技术也得从头发展，所以领先的苏联被迫只得玩美国牌，与落在后面的美国一样，得重新回到百米起跑线上“预备起”。美国则利用这段叫停的宝贵时间，赶紧调节呼吸，重整旗鼓。

苏联不是没有抢先登月的野心。苏联火箭设计师科罗廖夫（Sergei Pavlovich Korolev，1907−1966），本想挟“人造卫星一号”和加加林上天的辉煌战绩，一鼓作气，直捣月宫。但他的耀眼才华和盖世功勋，因遭同僚忌妒，雄才大略无法施展，在 1966 年 60 岁时，抑郁而终。

苏联在登月策略上无法达成共识，只得另寻出路，制订出探测金星的计划。从 1960 年到 1962 年间，至少送出了 3 艘前去金星的探测器，但都没有成功。看到苏联前去金星，美国只得另拨经费，即刻跟进，于 1962 年 7 月发射“水手一号”（Mariner Ⅰ），因助推火箭故障，被引爆摧毁。一个月后，再发射“水手二号”，成功地近距离飞越（flyby，没进入轨道）金星，测得金星表面的温度为 400 摄氏度，没有磁场。这是美国第一次后来居上的太空科技胜利。这次小胜，使美国的信心略微恢复。

苏联又提高价码，向火星进军。1962 年 11 月 1 日，发射了“火星一号”（Mars Ⅰ）。它在正常航行 1 亿千米后，通信中断，不辞而别。苏联此次虽又以失败告终，但已足令美国从逐月的狂热中暂时苏醒，匆忙拟出“水手号”系列火星探测计划。筹备两年后，发射“水手三号”，又因火箭头部罩盖（shroud）故障，火星小艇无法与燃料耗尽的运载火箭分离，而告不果。一个半月后，“水手四号”使用重新设计的罩盖，成功地近距离飞越火星，为人类取得了第一组 22 张珍贵的火星近照，正式开启了登门造访火星的纪元。

轨道

进入了低地球轨道，是人类一项划时代的成就，也是地球生物演化历史上一个重要的里程碑。几百万年前，我们的祖先勇敢地迈出第一步，从树上爬下来，走进草原，发明工具，朝智能的道路发展。20 世纪后期，我们有幸成为目击者，为人类向浩瀚的太空迈出的第一步做出见证。

以大力神的棒球为例。当棒球的速度达到每秒 7.8 千米时，就进入低地球轨道。大力神跟着棒球绕地球飞翔一周，发现棒球的轨道是圆形的。他在珠穆朗玛峰的顶端，再好奇地以神力把棒球以每秒 9.0 千米的速度抛出。大力神耐心地等候着，85 分钟过去了，棒球还没有回来。他又等了许久，棒球才姗姗来迟，在地平线上出现，然后，“嗖”的一声，在头顶相同位置飞过。大力神赶紧测量下棒球的速度，仍是每秒 9.0 千米。当然，我们在这里是假设没有空气阻力的。

这下子大力神可有点糊涂了：为什么速度快的棒球反而需要更长的时间绕地球一周呢？他决定跟棒球再飞一圈，发现轨道的另一端远离地球，棒球飞的是一个比圆形轨道大的椭圆形轨道。大力神马上想起了开普勒第三定律，在这个大椭圆形轨道上，棒球运转的周期增长了。他喃喃地对自己说：“原来如此，原来如此！”

大力神又把速度增加到每秒 10 千米，棒球需要更长的时间才飞转回来，但仍与以往两次一样，由相同位置从头顶呼啸而过。大力神终于明白，不管他用多大的力气把棒球抛出，椭圆形轨道的离心率再大，棒球总会回到原点，让他能伸手接住。

在这儿有个有趣的问题：在同一个低地球轨道上，两艘宇宙飞船一前一后航行，准备衔接，后面的怎么能追上前面的宇宙飞船呢？

一般的回答是，像在公路上一样，由后面的加速赶上。而大力神的这个观察刚好与日常的生活经验相反。后面宇宙飞船加速，会形成大椭圆轨道，周期变长，需较长的时间绕地球一圈，回到原点时，反而会落后于前面的宇宙飞船更远。所以后面的宇宙飞船要追，得减速，形成小椭圆轨道，才能缩短周期，如愿赶上。这是一个与直觉背道而驰的正确答案。第一次接触到这份知识时，着实令作者因惊讶而赞叹不已（图 3-1）！

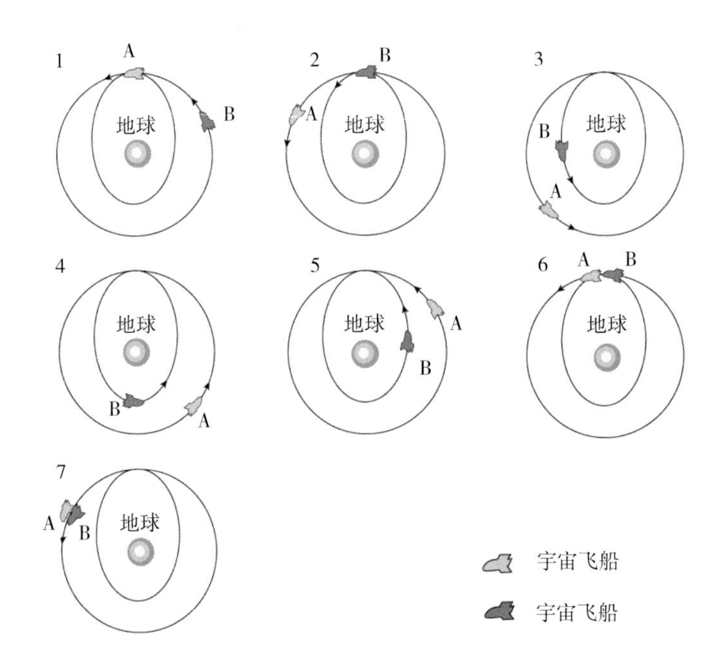

图 3-1　两宇宙飞船 A 和 B，在地球轨道上准备衔接：
1. A 和 B 在同一个大圆形轨道上以等速飞行，B 企图与 A 会合；
2. B 在顶点减速，换入一个周期短的小椭圆形轨道；
3. A 仍以等速飞行，B 的速度渐增；
4. B 在最低点速度最快；
5. B 在小椭圆形轨道逐渐追上 A；
6. B 在顶点加速，回到原来的大圆形轨道，刚好与 A 会合；
7. 在大圆形轨道上，A 和 B 成为一体，继续飞行

大力神再做一个实验，把棒球速度增加到每秒 11.2 千米，他在珠穆朗玛峰上等了很久很久，直等到地老天荒，棒球也不复出现了。他用简单的

牛顿力学计算一下，发现在每秒 11.2 千米的速度时，棒球的动能与它在地球重力场中的位能相等，棒球达到了“脱离速度”（escape velocity），一去不返。

动能与势能的关系好比荡秋千，在最低点时（地球位置）速度快、动能最大，在最高点时（无穷远）速度为零、势能最大。棒球以 11.2 千米的速度从地球冲出，地心引力在后面拉，虽然棒球速度渐慢下来，但不会停止，直至飞到无穷远，不再与地球有任何瓜葛。以数学语言表示，棒球轨道为开放式的抛物线。速度若大于每秒 11.2 千米的脱离速度，棒球轨道则为双曲线（图 3−2）。

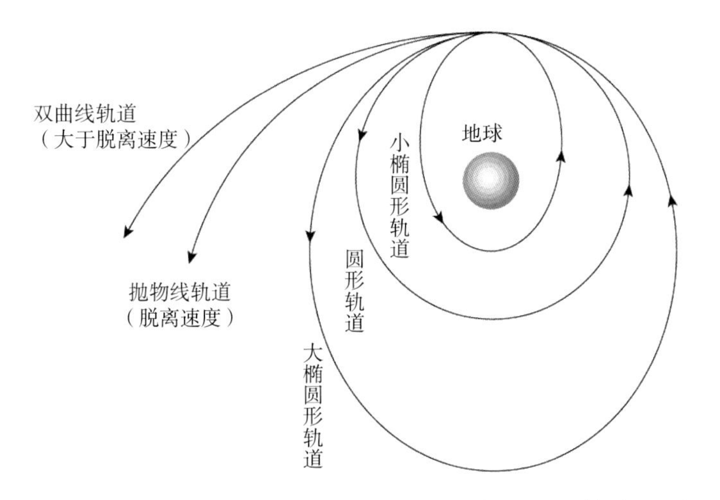

图 3−2　宇宙飞船的各类型轨道：小椭圆形轨道、圆形轨道、大椭圆形轨道、抛物线轨道（刚好抵达脱离速度）与双曲线轨道（大于脱离速度）

换轨

有些读者可能会问，太空中并没有铁轨，你怎么能叫它轨道呢？轨道是一条已经铺好的路，在上头走的车子不能乱跑。通常火车用轨道，自由度小，汽车不用轨道，自由度大。所以像美国这个讲求个人自由的国家，在汽车文化刚起飞的 20 世纪初，就马上全面拆除铁路。所以轨道多少都会和没有自由联想到一起。

因为无所不在的重力场，所有行星都在指定的太阳轨道上运行。也就是因为地球在那条不自由的太阳轨道上稳定地运行了 45 亿年，有足够的时间演化出智能型的生物，我们现在才能讨论轨道这件事。所以，不自由的结果也不一定都是不好的。宇宙飞船受各类星体重力场的控制，都得沿着那条看不见的轨道飞行，动弹不得。

虽然火车只能在不自由的轨道上运行，但可以在有换轨机制的指定地点，由甲轨换到乙轨，驶向不同目的地。当然，地球可绝对不能换轨！但宇宙飞船却有这个自由。

上文曾用较大的篇幅来形容的大力神和他的棒球，一再强调不论何种速度，棒球都会飞回珠穆朗玛峰的顶端大力神改变球速的起点。这个改变球速的地点，就是转换轨道的关键所在：从圆形轨道到大椭圆形轨道，在这点加速；从圆形轨道到小椭圆形轨道，在这点减速。这三个轨道都在珠穆朗玛峰的顶端会合。

大力神再为我们做最后一个实验。他把棒球在珠穆朗玛峰上加速到——在大椭圆形轨道那头，刚好离地面 35 785 千米，与同步轨道（geosynchronous orbit，周期为 24 小时的卫星轨道）相切。大力神赶到切点，看着棒球正挣扎着向这个高度爬升，待抵达他面前时，棒球已把大部分动能（速度）换成了势能（高度），比原来的速度慢了许多。大力神接住棒球，沿着切线，向东以每秒 3.1 千米的速度，把棒球再抛出去。他跟着棒球飞行了 24 小时，发现地面景色不变，棒球似乎停在离地 35 785 千米的高空位置，固定不动，他转身向地球外遥望，“黄道”带上的星辰从他眼前不停地流过。大力神告诉自己：棒球已飞行在一个大圆形地球同步轨道上，换轨成功了！

实际操作程序，是卫星先由低纬度向东发射，进入圆形的低轨道，再加速，把卫星推到一个大椭圆形转移轨道，最后在最高点加速，把椭圆轨道变成周期 24 小时的圆形同步轨道（图 3–3）。

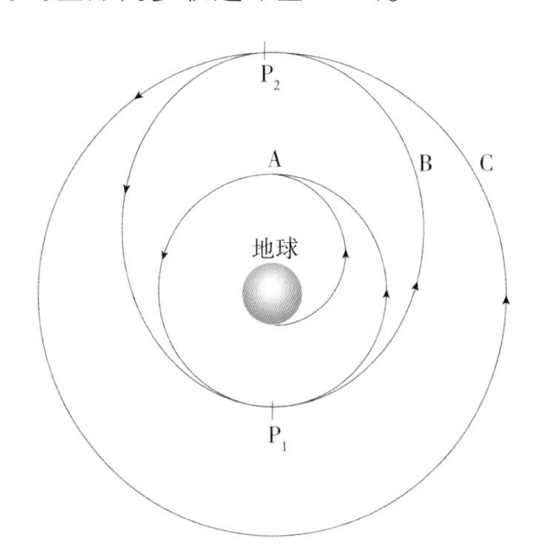

图 3–3　宇宙飞船换轨道

图注：宇宙飞船换轨操作程序：卫星先由低纬度向东发射，进入 A 圆形的低轨道，再在 P_1 点加速，把卫星推到一个 B 大椭圆形转移轨道，最后在最高点 P_2 加速，把椭圆轨道变成周期 24 小时的 C 圆形同步轨道。

每个国家的地理位置不同，如俄罗斯，地处高纬度，同步轨道并不适用，而需使用一个倾角为 64 度（赤道倾角为 0 度，南北极倾角为 90 度）、极为特殊的莫尼亚（Molniya）轨道，才能满足广大幅员的需求。莫尼亚轨道为大椭圆形，近地点在南半球，卫星飞近俄罗斯国境时，轨道变高，速度减慢，可在俄罗斯境内滞留较久。通常 3 个在莫尼亚轨道的卫星，即可满足俄罗斯全境 24 小时全天通信的需求。

其实，地球是一个扁平的球，赤道的半径略大于两极，造成卫星飞行时在轨道上每点所受重力不同，轨道时有位移失控现象发生，64 度倾角刚好平衡这一自然现象，维持轨道的稳定。

轨道种类繁多，各种轨道间的转移方法，琳琅满目，千变万化。世界各国以及高科技公司也各显神通，但都是以经济实惠为考虑问题的焦点。

发射窗口

进入低地球轨道，虽然已是人类迈出的一大步，却只不过是太空探测的起点。从牛顿力学的观点来看，在低地球轨道上飞行的人造卫星，仍然被地心引力牢牢抓住，不能逃脱法力无边的如来佛的掌心。

前往火星，宇宙飞船在低地球轨道至少得加速到每秒 11.2 千米，才能脱离地心引力的魔爪，进入去火星的太阳轨道。

在“冲”时，火星离地球最近，约 5000 多万千米到 1 亿千米，我们可以选择两点间最短的直线距离到火星去。但当我们计算所需要的大量燃料时，立即发现这并不是最佳的航行路线。

1925 年，德国工程师霍曼（Walter Hohmann），在人类进入太空世纪前 32 年，就以数学理论计算出在最节省燃料的条件下，由一个圆形轨道转换到另一个同平面圆形轨道的方法，通称“霍曼转移轨道”（Hohmann transfer orbit）。前文提到的由低圆形轨道转移到高圆形同步轨道，就是应用霍曼转移轨道的实例。

但是，从低地球轨道转移到去火星的太阳轨道，情形比较复杂。不同低地球轨道间的转移，都是以单一地心引力为主的。去火星，在轨道转移过程中，牵涉三个重力场，即地球、太阳和火星。

从地球去火星，还要涉及好几个地球和火星运转的速度。在太阳轨道上，地球每 365 天绕日一周。地球的太阳轨道半径约为 1.5 亿千米，地球每年绕日运行的距离为 1.5 亿乘以 2，再乘以圆周率约 3.14，得数为 942 000 000 千米。这个数字除以 365 天，除以 24 小时，除以 60 分钟，除以 60 秒，得出的地球绕日速度为每秒 30 千米。全部人类都是坐在这个高出音速 90 多倍的地球列车上，在太空中不停地奔驰！当然，这还没有将别的因素计算进去，即太阳系以 1000 倍音速，绕银河系中心旋转，以及整个银河系以 3000 倍音速向 5000 万光年外室女座星系团（Virgo Cluster）坠落的速度。

以同样方法计算，火星绕日速度每秒约 24 千米。

地球每 24 小时由西向东以逆时针方向自转一周，地球平均半径为 6378 千米，一周距离为 4 万千米，折合速度约每秒 0.5 千米。这与进入低地球轨道的每秒 7.8 千米速度相比，虽然不到 10%，但对于由低纬度向东发射的火箭，却因有效使用了地球自转速度，而节省了大量进入低地球轨道所需的燃料。

去火星的宇宙飞船，都是从低地球轨道出发，加速到脱离地心引力的速度，再进入特定的太阳轨道，追上在另一个太阳轨道运行中的火星。这恰似用步枪打飞靶，但相对速度要比步枪打飞靶快上数十倍。

打飞靶，瞄准的是飞靶飞行路线的前方，使子弹与飞靶在空间同一点会合，才能击中目标。子弹与飞靶的速度不同，瞄准方向和扣扳机时刻，就成为最关键的两项要素。

霍曼转移轨道要求：由地球出发的宇宙飞船，在地球发射时，与想象中 180 度外火星“合”的位置会合。换言之，会合地点是在太阳的另一端（图 3-4）。简略估计，可以画一个直径两边切着地球和火星轨道的圆圈，而由地球到火星的半圆，就是霍曼转移轨道。去火星的宇宙飞船先得进入低地球轨道，在轨道适当的地点，加速到每秒 11.2 千米，脱离地心引力范围，进入太阳重力场，马上对轨道稍做修正，进入霍曼转移轨道，被太阳重力场吸住，如此不必再消耗推进燃料，便开始一个以开普勒第三定律计算出的 5.9 亿千米、259 天的滑行旅程，去赴与火星的约会。

从地球发射宇宙飞船时开始计时，火星要在发射后 259 天，到达太阳对面“合”的约定地点，与宇宙飞船集合。火星绕日一圈 687 天，259 天跑 360 度中的 136 度。所以在宇宙飞船发射时，地球落后火星 44 度（图 3-5），约略是“冲”之前 100 天的位置。因为从地球出发的宇宙飞船比火星跑得快，所以在“起跑”时，得“让”火星一点，这是一个合理易懂的安排。

地球落后火星 44 度的位置，每 780 天发生一次。所有去火星的宇宙飞船，都得在这个相对位置正确时候的发射窗口出发，才最省燃料。

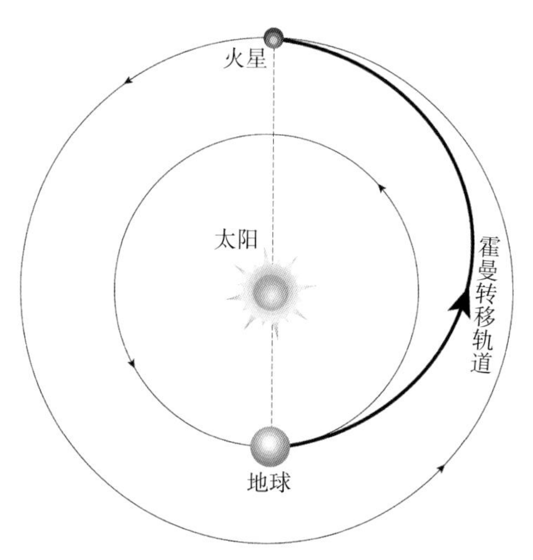

图 3–4　去火星的宇宙飞船脱离地球重力场后，进入一个半圆形的太阳轨道，与 180 度外、与地球发射时呈“合”的位置的火星会合

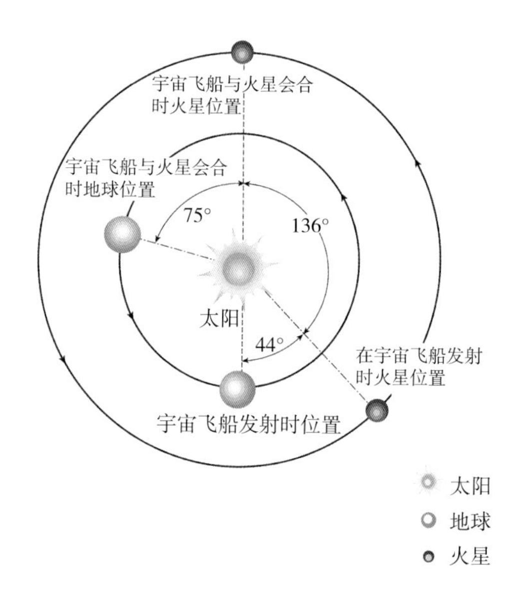

图 3–5　去火星的宇宙飞船要在地球落后火星 44 度时出发，才刚好在 259 天后赶到太阳对面与火星会合。宇宙飞船与火星会合时，地球已走到火星前面 75 度。地球落后火星 44 度时，地球的发射窗口开放，约 30 天

“水手号”爬坡追火星

太阳系所有的行星都被太阳吸着，在远近不等的轨道上运行。如果我们把太阳的重力场比喻成一个山坡，则太阳位于山脚，地球位于山腰，下头有金星和水星，上头有火星、木星和土星等行星。从地球到金星和水星，走的是下坡路，比较省劲；从地球到火星，要爬坡，费力。

火星以每秒 24 千米的速度在太阳轨道上运行，地球则是每秒 30 千米，地球比火星跑得快。宇宙飞船脱离地球时，速度约为每秒 30 千米加 11 千米，即 41 千米。脱离地心引力进入霍曼转移轨道时，速度至少为每秒 33 千米，开始滑行爬“坡”追赶火星，逐渐减速。

如果大力神在火星做轨道速度实验，他会发现火星的脱离速度为每秒 5.0 千米。反过来说，宇宙飞船与火星的相对速度低于每秒 5.0 千米时，宇宙飞船就会被火星捉住，成为火星的卫星。换句话说，宇宙飞船与火星会合时，速度一定得低于每秒 24 千米加 5 千米，即 29 千米，否则宇宙飞船与火星擦肩而过，失之交臂。

当宇宙飞船经过 259 天飞行，抵达火星时，速度皆高于每秒 29 千米，因此，若要进入火星轨道，就须刹车减速，好让火星抓住。一般以火箭向反方向喷射来完成刹车。火箭喷力的大小和时间的长短，都有讲究。否则不是飘逸出轨，匿迹于太阳系，变成无用的太空飘浮物，就是冲入火星大气，坠地焚毁。

但那艘渺小的宇宙飞船，在遥远的火星，能够毫无闪失地进入火星轨道，确实比穿绣花针还难。所以人类刚开始送往火星的宇宙飞船，都只近距离飞越，惊鸿一瞥，匆忙地照几张相片，传回地球，我们就欢呼雀跃，心满意足了。

近距离飞越火星，对速度的要求不像进入轨道那么严格。宇宙飞船的速度可快可慢。以“水手四号”为例，它在 1965 年 3 月 9 日“冲”前 101 天发射，228 天后就与火星会合，比 259 天的霍曼轨道快出一个月，可算是平快车。地球出发与火星会合点之间的直线距离为 21 500 万千米，但“水

手四号”在轨道上航行了 52 000 万千米。在太空没有走直线的，都得沿着最省燃料的弯曲轨道航行。

图 3–6 画出了“水手号”宇宙飞船去火星的航线。宇宙飞船脱离地球后，以大于地球在太阳轨道的速度（大于每秒 30 千米），滑行“爬坡”，飞向火星。在太空中，地球、宇宙飞船、火星，在 3 个不同的太阳轨道上，呈编队飞行状态。宇宙飞船因爬坡滑行，速度渐慢。100 天后，地球与火星“冲”，此时，宇宙飞船速度已低于地球，但仍然高出火星的每秒 24 千米。3 个多月后追上火星时，地球已领先火星一段距离。在七八个月“编队飞行”期间，宇宙飞船离地球还不算远，电磁波五六分钟可打来回，与宇宙飞船联络尚称方便。

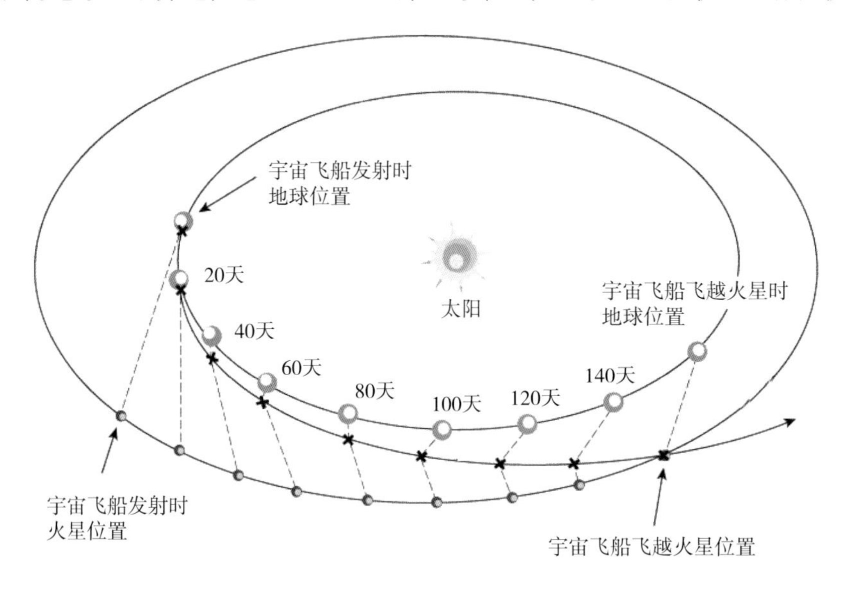

图 3–6 “水手号”宇宙飞船去火星的航线示意图

“水手四号”“水手六号”“水手七号”系列任务，皆为在距火星数千至1万千米外拍照，传回地球，一直到“水手八号”和“水手九号”，才开始设计进入火星轨道，成为火星的人造卫星。

以“水手九号”为例，它在1971年8月10日的大“冲”前72天出发，以167天“特快”车的速度，抵达火星。速度快则要刹车，需大量火箭燃料。比较起来，“水手四号”总重量仅为261千克，没带刹车燃料。“水手九号”重达977千克，一半用在进入火星轨道15分钟的刹车上。所以，要进入火星轨道，宇宙飞船要携带大量刹车燃料。

若使用完全理想的霍曼259天的轨道，发射窗口就是在地球落后火星44度前后几天。要想把这个发射窗口限制放宽，宇宙飞船的速度就要增快，脱离地球时需要多些燃料，在与火星会合时，也得用大量燃料刹车，宇宙飞船的重量必得增加，这是不能避免的代价。若不增加刹车燃料，每增加1千克科学仪器，速度就得慢些，才能刹得住车，旅程也得多出来一天，发射窗口跟着就缩短一天，所有工作人员得加班加点，抢出这一天。万一碰到天候不合作，或机件发生严重故障等情况，无法在发射窗口开放期间上路，就要等上780天，后果的严重性不堪设想。

通常去火星的发射窗口开放约30天。

精打细算到了极点

月亮距地球40万千米，“阿波罗”登月小艇平均速度为每秒1.5千米，需3天多路程抵月。

如果以火星宇宙飞船每秒30多千米的高速，则不用4个小时就到。我们为什么不让航天员乘“子弹”列车去月球呢？不是不想办，而是办不到，原因是无法运载足够的燃料，刹不住车，进不了月球轨道，更别奢望登陆了。即使只以每秒1.5千米的蜗牛速度往月亮飞行，减速登陆后，只剩下了十几秒钟的燃料，可谓精打细算到了极点。

一般希望飞行的时间越短越好。因为在太空时间越长，危险性就越高，各类高能量粒子打入半导体电子板，夜路走多了把电脑程式的“1”变成“0”等情况都有可能发生。若与大小不等的微陨石碰撞，则宇宙飞船可能不告而别，音讯杳然。在设计宇宙飞船时，任务周期越短，仪器的可靠性越高，成功率越大，造价也越经济。

如果宇宙飞船还要登陆火星，所需技术更高。登陆后，地球已远远把火星抛在后头。

若想取得火星样品再返航回地球，得在火星上耐心等候地球绕回来，在火星后面呈 75 度时，才能出发，脱离火星，减速，向地球以霍曼转移轨道加速坠落，在“合”的位置与地球会合。地球在火星后面呈 75 度时，是由火星返回地球的发射窗口。以理想的霍曼转移轨道计算，双程火星任务约需 2.64 年，等于 972 天。在第十章“往返火星”中，作者会详细解释。

送人登陆火星，情况更加复杂，作者会在第十二章“火星，我来了”中，着重说明。

从 20 世纪 60 年代人类开始发射宇宙飞船前往各行星访问后，高科技国家 1967 年制定了国际条约，自愿承担了道义上的责任，尽量不对别的星球造成环境污染。

在火星探测任务中，所有宇宙飞船在发射时，先只虚瞄火星的前方，万一宇宙飞船发射后失控，不会因直接撞上火星，而产生不必要的污染；待宇宙飞船进入太阳轨道，一切设备运转正常后，才把火星目标调到“靶心”。此外，在中途和插入轨道前，宇宙飞船还有数次调整轨道的机会。另外，在发射前，所有登陆小艇，都要经过50小时的高温（125摄氏度）杀菌程序。

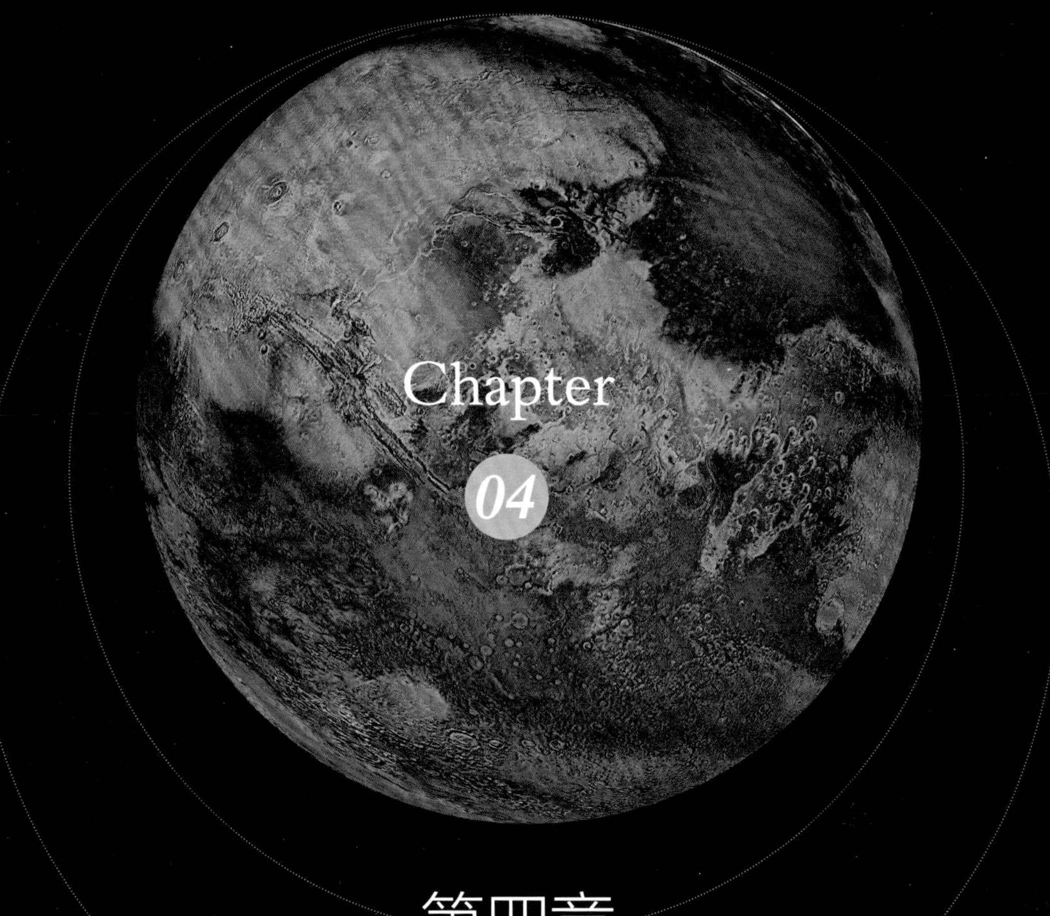

第四章
几顾茅庐

神秘世界

在“水手四号”出发前夕，人类拥有对火星的知识极为有限，火星仍为一个神秘世界。

开普勒循着火星在夜空中的轨迹，冲出了1400年来托勒密的天牢，找出诸行星绕日的椭圆形轨道。伽利略看到了火星呈新月状，他肯定亲眼见过火星的“阴晴圆缺”，相信火星和金星一样，都以太阳为中心运转。惠更斯画下第一张色蒂斯大平原素描，测定出火星自转周期和地球相近，约24小时。他和卡西尼都先后观察到火星南极冰帽。卡西尼并以火星与地球的相关位置，第一次测出地球与太阳间的距离（一个天文单位）。赫歇耳兄妹量出火星自转轴有倾角，与地球差不多，并有大气存在迹象，推论火星也应四季分明。霍尔发现火星有两个卫星。夏帕雷利的火星地图勾起洛韦尔的幻想，为火星谱出近500条运河，间接引进设计运河的工程师，把火星和科幻搅成一团，打入了普罗大众社会。

但我们还不知道火星大气压到底为多少？科学家在250帕到850帕之间争论不休（地球为10^5帕）。对大气成分也搞不清楚。从地球表面观测火星大气的光谱，要通过地球大气层。地球大气以氮为主，即使火星有氮气，火星大气的光谱也会完全被地球本身的氮气干扰，以致无法从地表确定火星是否有氮。但火星是地球近邻，我们有的，他们也可能有，所以，一般认为火星大气也应以氮气为主。但二氧化碳被直接测量到，行情看涨，大有后来居上的局势。我们对火星大气层的厚度则一无所知，温度数据也阙如。

对火星地表的了解更是一片模糊，议论纷纷。几百年来，火星地貌时有变化，造成科学界百家争鸣。有人说黑色的是沧海，也有人说是桑田。1954年间，一块像中国东北那么大的地盘，突然变黑，找不出原因，令人类目瞪口呆，叹为观止。有一次甚至为火星上云朵的形状，分成两派，展开论战。一派认为那片苍狗浮云应是火星人的“星标”，因为像英文字母M

（Mars），另一派则不以为然，认为 M 应反过来当 W（War）看，是火星向地球下的战书。但参加舌战的雄辩家，从没讨论过为什么火星人也用英文？哦，还有“运河”，没有科学家愿意公开谈论这个话题，但苦无反证，赶不走洛韦尔的阴魂。

其实大部分火星的问题均出在地球的大气层上。地球大气充满水汽，并且永远不停地流动，空气的密度、温度都不均匀，从地球看火星，像雾里看花，若隐若现。在苏联 1962 年送出“火星一号”后，美国在 1963 年“冲”的期间，把一架口径 90 厘米的平流层望远镜（Project Stratosphere）以气球送上 30 余千米的地球高空，测出火星的大气含有二氧化碳和水汽，没测到氮气。即使超越了 96% 的空气干扰，火星仍在 1 亿千米以外，距离还是太远，对人类有遥不可及的挫折感。

人类掌握了太空科技后，像是从魔瓶中放出的精灵，不必再承受挫折感的屈辱，我们要到火星的大门口前看看！

水手四号

“水手四号”重 261 千克，有 6 件科学仪器，外加 1 架照相机。6 件仪器中有 3 件是在飞行途中测量太空中各种辐射能量，1 件计量宇宙飞船被微陨石碰撞的次数，剩下 2 件仪器测量火星的磁场和火星的范艾伦辐射带（Van Allen radiation belts）。

去火星的宇宙飞船偶尔会无疾而终，上亿美元的投资“噗哧”一声，顷刻间化为乌有。科学家们怀疑是微陨石碰撞所致。“水手四号”要经过“流星雨”带（众彗星在固定的太阳轨道上留下的微尘，地球每年定时通过微尘区时会引发流星雨），虽然预测不会发生问题，但苏联两年前的“火星一号”事件记忆犹新。如果“水手四号”不幸被杀手微陨石做掉，至少可以留下一份验尸报告。

磁场与行星内部的构造、物质有关。地球比重为5.5，基本是个大铁球，有巨大的磁场，可排斥（在范艾伦辐射带里）、集中由外层空间射向地球的各类高能量粒子，保护地球生物的染色体基因不受伤害，避免产生癌变，功德无量。如果火星拥有够大的磁场，又有类似的范艾伦辐射带，生命存在的可能性便会增加。

当然，人类一个无法抑制的幻想，是前往火星一游。而去火星，最大的技术困难是克服太空辐射对人体的伤害。“水手四号”已开始了这项艰巨的研究工作。2020年的今天，人类还在研究它，没有定论。以目前这项科技发展速度，作者预测人类火星之旅，可能无法在2050年前实现。如果作者能活到107岁，还能有缘亲睹。

“水手四号”的照相机，万方瞩目。人类要通过它的镜头，一了数百年的夙愿，把火星看个够。照相机使用的是1960年最先进的数字式光导摄像技术（vidicon，为电荷耦合组件，即CCD前身）。每张照片200行，每行200个光点，每个光点六位二进位数字，64黑白明暗层（$2\times2\times2\times2\times2\times2=64$）。每张照片需要$200\times200\times6=240\,000$比特（bits）。

“水手四号”飞越火星照相的时间为一个小时多些，只能拍22张照片，第十一张该是最清晰的。拍好的照片，先记录在一条100米长的磁带上，等22张照片全拍完，再传回地球。传的速度为每秒8.33比特，一张照片需用8小时，22张要7天多才能传完，慢得令人觉得“过了一天又一天，心中好似滚油煎！”

飞越

1964年11月28日，是1965年“冲”前的101天，“水手四号”成功脱离地球轨道，瞄准与火星会合点正前方25万千米处，进入太阳轨道。

进入太阳轨道后，一切运转正常，满足了第一次轨道修正条件。要做轨道修正，得先把宇宙飞船的飞行方向和姿态（altitude）确定。

姿态是太空导航中一个简单而重要的概念。比如一个人从甲地到乙地，先向北走 1 千米，右转，走 100 米，左转，再往北走到目的地。“北”是个绝对方向，放诸宇宙皆准，可以用恒星位置定向。“左”和“右”则是个相对概念。如果一个人脸朝前、头朝下，左变成右，用同样方向说明，走不到目的地。顶天立地，就是人的姿态。“水手四号”的姿态，决定相机镜头的方向。

“水手四号”以船底座（Carina）中的老人星（Canopus），和一直在宇宙飞船左舷、几乎与飞行方向垂直的太阳定向。这两颗恒星和宇宙飞船上的惯性陀螺仪（gyroscope），决定了“水手四号”的飞行方向和姿态。

老人星在南半球星空，仅次于天狼星（Sirius），是天上第二颗最明亮的恒星。但“水手四号”在寻找老人星时发生困难。它先锁定仙王座（Cepheus）的天钩五（Alderamin），地面送上再寻找指令后，又锁定狮子座（Leo）中的轩辕十四（Regulus），最后竟然盯住的是一粒与宇宙飞船同飞的火箭燃料灰烬的反光点。12 月 5 日，“水手四号”终于找到了老人星，修正轨道后，把宇宙飞船调到由火星背后约 1 万千米处飞越。

由火星背后飞过，是一项重要的安排。从“水手四号”的无线电波被火星挡住，到再从火星另一边出现，我们可以量出火星的大气厚度，从而估计火星的大气压。

“水手四号”飞了 228 天，于 1965 年 7 月 14 日美国西海岸时间下午 5 时 18 分 33 秒，在离火星 17 000 千米处，打开镜头，开始拍第一张相片。美国西海岸时间下午 6 点 01 分，抵达最近点，离火星表面 9844 千米，摄得第十一张照片。

“水手四号”拍完了 22 张相片，与火星挥别，开始以每秒 8.33 比特的蜗牛速度，花了 7 天的时间（作者现在用来写这本书的电脑工作速度比它快 1 亿倍，只需不到 0.014 秒）向远在 1 亿千米外的人类倾诉它的火星游记和工程数据。讲完故事后，它就变成了宇宙漂流物，1967 年 12 月通信中断，

几亿年后，将坠入太阳并焚毁。

这 22 张照片中的第一张模糊不清，但确定照相机运转正常。第七张照片显出了火星上的陨石坑，犹如月球表面，令人震撼。正如预测，第十一张最清晰，以后的照片质量渐减，但表露出火星地面有结霜或低盖云层的痕迹。第十五张为最后一张可用的照片。第十六张后进入了火星的夜空，张张漆黑。

死的行星

与后来高清晰度照片相比，第十一张照片的质量仅够得上“中下”。但它第一次为人类揭开了火星重重的盖头，堪称是一项划时代的科学成就！

1965 年 7 月，作者 22 岁出头，刚大学毕业，模糊地记得当时美国总统约翰逊（Johnson）向记者炫耀过一幅红色星球的照片。34 年后，为了寻找这幅人类历史上珍贵照片的原版，作者在美国国家航空航天局总部资料室，花了一下午时间，在上万张档案照中，终于找到这幅编号为 65-H-1236 的照片（图 4-1）。

图 4-1 “水手四号”于 1965 年 7 月 14 日拍下第十一张相片——编号为 65-H-1236，第一次为人类揭开了火星层层的盖头（Credit：NASA）

这张照片覆盖面积是边长约 250 千米的正方形，地点位于火星南纬 34 度，西经 161 度。太阳在正北偏天顶 47 度角。照片中显示出多个直径从 150 千米到几千米的陨石坑，边缘陡峭，轮廓鲜明，与月球上的陨石坑相似。有的坑中有坑，大大小小、密密麻麻，各类水、风侵蚀现象微弱，意味着火星现在似乎有如以往，从来没有水的存在。众星球与卫星搜集的数据显示，太阳系陨石风暴已在 38 亿年前消停。死寂的火星似乎还在为那陨石如雨的太阳系形成初期做历史的见证。

以无线电波测量，火星的大气密度比预期还薄，推算出来的大气压，在火星地表，低于 1000 帕，不及地球的 1/100。测量结果，火星没有磁场和辐射带的保护。宇宙高能粒子和太阳紫外线，长驱直入，轰击火星地表，进行亘古的消毒工作。以地球的眼光来看，整个火星地表就是一个天然的无菌室！

这些发现，足以令《纽约时报》以社论宣判火星是“死的行星”（The Dead Planet）。一般老百姓认为，既然《纽约时报》都这么说，真实情况一定如此。

反对的人说，结论不要下得这么快！在地球轨道万里高空拍照，也看不出来任何地球生命迹象，更何况“水手四号”只照到火星不到 1/100 的面积。支持洛韦尔运河的人，在第十一张照片中看出一丝丝的河道痕迹。总之，洛韦尔的运河，还是不能放弃。

“水手五号”去了金星，也获成功。

借尸还魂

1969 年 2 月和 3 月，美国先后送出“水手六号”和“水手七号”，在人类登月一个星期后，分别经火星 5500 千米处飞越，在赤道和南半球处，共拍得 201 张火星照片。这次照片传回地球的速度比“水手四号”快了 2000 倍，传 201 张照片只需 2.5 小时。

这些照片继续显示火星上满布像月球表面大小不等的陨石坑。“水手六号”第二十张高分辨率的照片可分辨出小至 300 米大小的圆坑（图 4–2）。太阳由左侧以低角度射入，坑的轮廓清晰。照片中央略上方的圆坑直径约 5 千米。图左边缘有一个 15 千米直径的双同心圆圈，比月球背面直径 900 千米的双环陨石坑（Mare Orientale）小了一号。由图右下方起隐约有条向上延伸的山脉，这是个新发现。总的来讲，陨石坑侵蚀现象不明显，明确肯定了“水手四号”的观测。

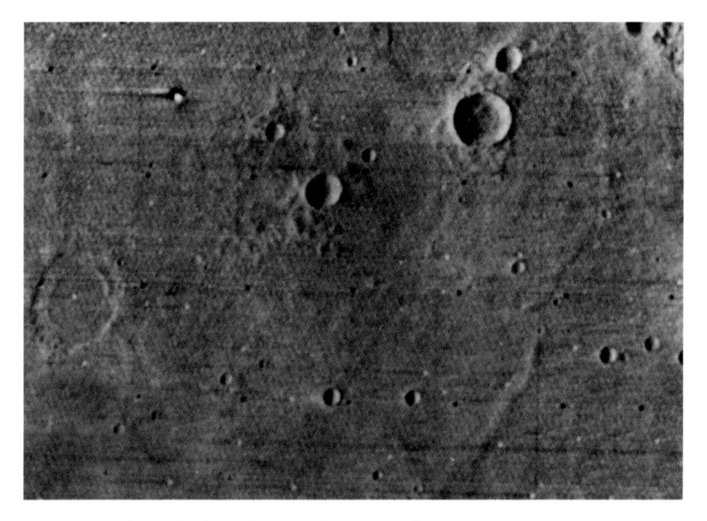

图 4–2 “水手六号”第二十张高分辨率的照片可分辨出小至 300 米大小的圆坑（Credit：NASA）

但“水手六号”和“水手七号”又发现其他两类地表。在赫拉斯盆地看到了连绵千里毫无陨石坑的地形。在太阳系形成初期，陨石风暴肆虐，陨石碰撞理应平均分布，像我们观测到的水星（图 4–3）、月球（图 4–4）和卡里斯多卫星（Callisto，木卫四，见图 4–5）等。陨石坑不存在，合理的解释是被侵蚀掉，风化可能是首要原因。另一个原因也可能是被火山喷出的熔岩覆盖，但到“水手七号”为止，我们尚未观测到火星上有任何火山活动迹象。

图 4-3　水星上分布密集的陨石坑侵蚀现象不明显（Credit：NASA）

图 4-4　月球上众多的陨石坑（Credit：NASA）

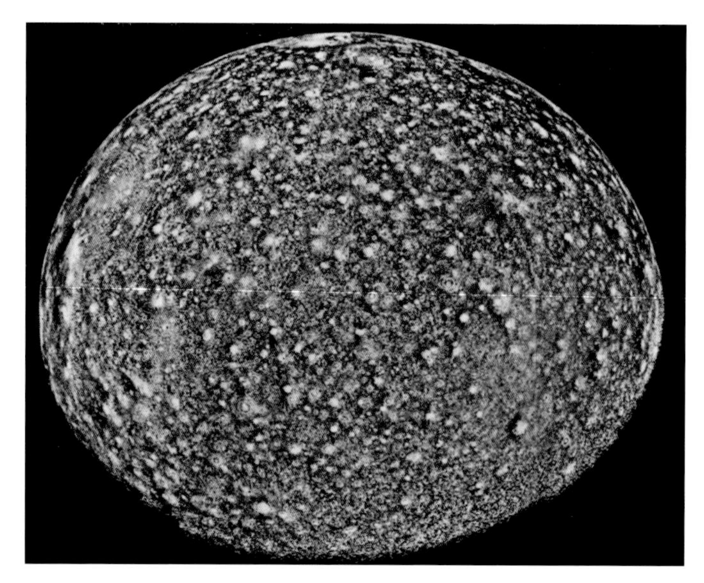

图 4-5　木星的卡里斯多卫星（木卫四）上密集的陨石坑（Credit：NASA）

另一大类可统称为混乱地形（chaotic terrain），与地球大规模山崩后的遗迹相似。虽然在“水手六号”75 张照片中仅有两张与这类地形有关，而地质学家预测火星的一半地表应属此类。成因极可能是地表下的水解冻后融化，造成地层大规模塌方。

“水手六号”探测之后，“水”和“冰”两个字开始与火星密切挂钩。因为液态水的介入，有人认为火星在久远以前很可能有足够的大气压，曾有过温、湿的环境，适合生命起源的条件。瞬间，火星又借尸还魂，向人类眨了下眼。

至于洛韦尔的“运河”“水手六号”“水手七号”，在覆盖火星 19% 的面积内仔细搜索，从未现形，运河派至此销声匿迹，寿终正寝，不再烦人。

“水手六号”正确量出火星在北纬 4 度的直径为 6746 千米，是地球的 53%，正午温度可达 15 摄氏度，入夜后，可降至零下 75 摄氏度。大气 99% 为二氧化碳，没有氮气存在的迹象。氮气是地球大气主要成分，也是生命组成的要素之一。作者在后文会再谈这个关键问题。

进入火星轨道

1971 年 8 月 10 日是人类进入太空时代后的第一个大“冲”，野心人士本想挟登月的神威，也一举攻克火星。但火星远在天边，巨大的科技鸿沟仍需克服，送人登陆如喃喃说梦，遥不可及。

但通过四次“水手号”飞越火星的成功，进入火星轨道的穿绣花针技术已可信手拈来。美国设计了“水手八号”“水手九号”，苏联则有“火星二号”“火星三号”，在大“冲”年间，4 艘宇宙飞船，争先恐后地进入去火星的转移轨道，络绎于途，去火星的路塞车了！

苏联“火星二号”“火星三号”有登陆能力，继承一贯传统，继续向美国加码。

美国“水手八号”抢先在大“冲”前 94 天发射，5 分钟后第二节火箭故障，坠毁大西洋底。苏联“火星二号”9 天后跟进，进入太阳轨道，首征火星。9 天后再成功发射“火星三号”，捷报频传，为苏联上了双保险。

美国则在 22 天内，将“水手八号”的任务转移到“水手九号”，在发射窗口即将关闭的大“冲”前 72 天，以 167 天特快车的速度，赶在“火星二号”前面 14 天，成功地进入火星轨道，成为人类第一颗绕其他行星运转的人造卫星。

三艘宇宙飞船在 11 月中旬先后进入了火星轨道，发现火星完全笼罩在全球尘暴中，一片模糊，地表深藏不露。其实地面望远镜从 9 月起已经注意到火星地表逐渐朦胧，到 10 月时每况愈下，便已经预测一个规模巨大的尘暴即将降临。

苏联“火星二号”“火星三号”为全自动设计，只能按照电脑中预先储存的程式，开始操作，放出登陆小艇，冲进火星狂烈的尘暴中，“火星二号”坠毁，“火星三号”成功登陆 90 秒后，仅传回约 20 秒长的灰图像就通信中断，没取得任何科学数据，从此音信杳然。

美国“水手九号”接受地球指令，关机节省能源，进入冬眠状态，在一个大椭圆形轨道上（近点 1200 千米，远点 17 120 千米，周期为 12 小时），静静等待晴朗时刻的来临。

两个月后，尘暴转弱，风沙开始向火星地表沉积。“水手九号”看到有 4 个黑点首先露出云霄，其中 3 个由西南向东北一字排开，第四个最大，在西北方，为奥林帕斯山，图下方新月尖点为阿吉尔平原（Argyre Planitia，南纬 52 度，西经 45 度），呈闪亮圆形，因晨霜反射所致（图 4-6）。

图 4-6　火星四个巨大的火山口破云而出（Credit：NASA）

回想人类刚开始把望远镜瞄准月球时，看到的坑都呈圆形。当时的理解认为只有从地底喷出的岩浆才能形成圆的形状，而陨石可从不同角度撞击地面，坑口的形状应该是椭圆形的居多。在月球上没有椭圆形的坑，所以有很长的一段时间，人类认为月球上的坑全为火山口。第一次世界大战期间，从地雷试验中，人类终于学到，只要爆炸在地下发生，上面的口都呈圆形。陨石虽然以不同角度撞击地面，但它都钻入地下后再爆炸，像威力巨大的地雷一样，也应造成圆坑①。

目前在火星看到的4个黑点应是山口，但尚无法确定是由陨石或是火山造成的。

“水手九号”以前，在照相机拍摄到的20%火星地表面积里，看到的都是陨石坑，火山尚未粉墨登场。

尘埃落定后，竟然是4个巨大的火山口呈现在眼前。西北方的叫奥林帕斯山（Olympus Mons），火山口直径65千米，内含数个小火山口，被幅员广大的熔岩区包围，四面放射出去。熔岩面像刚出炉的面包，鲜有几处小陨石撞击口，道出火山很年轻，只在5亿年至10亿年之间。

奥林帕斯山高22千米，宽600千米。与地球比较，奥林帕斯山可装下3个珠穆朗玛峰，或是整个夏威夷火山系列，轻而易举地成为太阳系中唯我独尊的第一峰（图4–7）。

其他3个火山皆高20千米，喷出的岩浆厚达5千米，方圆4000千米，称塔西斯高地（Tharsis Bulge），与奥林帕斯山遥遥呼应，形成火星上质量高度集中、规模宏大的高原。

根据计算，“水手九号”的周期应为11小时58分48秒，但实际上快了34秒，是这块质量高度集中的高地作祟。

---

① 通常质量100吨以下的陨石与地表碰撞后，因能量不够，可能直接钻入地下，引不起爆炸。大于100吨的陨石，若以每秒5千米的速度碰撞地球，其爆炸力相当于与陨石本身同等质量的黄色炸药（TNT）。若以每秒50千米的速度碰撞地球，其爆炸力增加100倍。以一块200吨的陨石为例，以每秒50千米的速度碰撞地球，总爆炸力约相当于投在广岛的2万吨级TNT的原子弹。

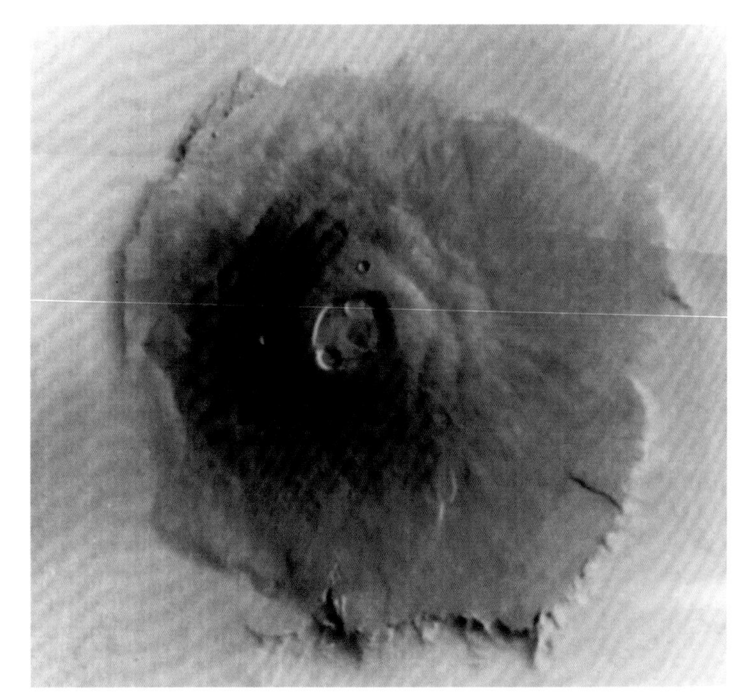

图4-7　奥林帕斯山，火山口直径65千米，山高22千米，宽600千米，是太阳系中唯我独尊的第一峰（Credit：NASA）

奥林匹卡幽灵

在“水手九号”以前的地面观测，有时可看到奥林帕斯山位置白云缭绕，虚无缥缈，一向被称为奥林匹卡幽灵（Nix Olympica），从没想到它可能是火山口。

火山，象征星体内部的活跃。但火星的火山与地球的火山有极大不同。比较起来，火星可能与地球一样，曾经有过一些由地幔（mantle）深处岩浆喷出的固定“热点”。地球有板块构造运动（plate tectonics）。当板块通过固定的热点上方时被“烧”穿，岩浆破板块而喷出，在喷出的位置就会形成一座火山。热点火山喷了一阵子，就被向前移动的板块带走，离开热点，成为死火山。新的活火山又在热点上方形成，周而复始。

离热点越远的死火山年龄越古老，夏威夷群岛的一条由132个火山岛屿组成的长链，就是个明显的热点火山群的例子。因为每个火山通过热点上方的时间有限，喷的时间也不会太久，火山就不会太高。

火星则不然。火山口在热点上方形成后，就坐着不动，一喷就是几亿年。新熔岩盖在老熔岩上，一层加一层，新仇旧恨，节节升高。难为了一个体积仅为地球15%的小矮个儿火星，呕心沥血，经营出太阳系最高的山峰。这也直接证明了火星没有板块运动。

在行星形成初期，火山活动将水分、二氧化碳及其他气体，从地心释放出来，增加并也稳定了大气压，又以温室效应维持大气温度。行星火山活动频率一般是随时间递减：38亿年前陨石风暴时期应比距今20亿年前活跃。“水手九号”看到的火山竟是那么年轻，表明火星火山活动活跃期长，在火星成形后的10亿年中，即生命起源的关键时刻，火山更应是频频爆发，甲烷遍布、硫黄浓汤漫流。以地球经验，这正是生命伊甸园的写照，为各类厌氧、嗜热、嗜硫、嗜甲烷等古菌（archaea）起源的温床。

年轻的火山给人类带来了另一个希望：火星虽然目前气压偏低，液态水无法在地表存在，造成地表是一个干冷死寂的世界。但近至5亿年前，火星火山仍然活跃，喷出大量气体，大气压肯定比现在高出许多。气压高，温室效应使得上劲，导致大气温度高升，地表液态水现形，紫外线也被过滤，应是适合生命生存环境。生命一旦存在，就能适应未来每况愈下的逆境，改变遗传基因构造，钻入地下水源之地，甚或干脆闭目养神，进入亘古冬眠潜伏状态，待机复出。

火星通过年轻的火山，可能又向人类抛个媚眼，说：“我是活的！”

在地球，每几亿年或几十亿年，大部分地表板块都会被送入地心工厂，板块中锁在矿物中的结晶水和各类其他气体、金属、矿物，经过熔化、分化、集结包装后，经由火山，以新成品再进入市场。板块运动负起地壳循环功能。

在地球，如果没有板块运动，水将会逐渐进入各类固体和化学分子间隙，形成结晶水，不能自由流动，无法参与生命工作液体的功能。长此以往，地球可用之水将会越来越少，对生命的演化不利。

板块运动和火山活动，是一体的两面、地球重要的循环系统、生命生存演化的关键。火星没有板块运动，好比汽车只有一缸汽油，没有加油口。油尽车废，很可能是目前火星的写照。

地球人类文明科技的发展，也仰赖板块运动。进入地心的板块熔化、分化、集中各类矿物，形成接近地表的矿源，供人类开采，促进文明发展起飞。对火星而言，这是题外话，是天方夜谭。但人类若要寻找外层空间文明世界，板块运动的存在，是文明世界履历表上的重要条件之一，也应是以碳为基础的生命行星——远远望去，发出幽幽蓝光的含氧“蓝色星球”——向人类提供的一个强烈暗示。

水手号谷

“水手九号”在塔西斯火山高地的东面、赤道南边，看到了一条大峡谷。峡谷东西走向，约 200 千米宽，8 千米深，4500 千米长。峡谷形成的原因尚无定论，有人认为是由久远以前的洪水冲积而成；但比较可能的成因是由胎死腹中的板块运动造成的，与地球上由莫桑比克起经红海进入叙利亚境地的东非大裂谷类似；甚或是地底岩浆被 4 个火山喷出太多，地基下沉，而形成裂谷。但火星的裂谷又大了地球一号。

为了纪念“水手号”对火星探测的贡献，这个规模宏大无比的峡谷就被命名为“水手号谷”[①]（Valles Marineris）。

① 有人将 Valles Marineris 译为“水手谷”，不对。应译为“水手号谷”。

“水手九号”也看到上千条宽窄不等干涸的自然河道，是它对人类火星观测最重要的贡献之一。这些自然河道从地球上看不到，但绝对不是洛韦尔的运河。这些河道娓娓道出了火星水的历史，作者在第八章“诺亚洪水”再来详谈。

“水手九号”观测了火星全部地表，共拍摄了 7329 张照片，鉴别率（resolving power，俗称分辨率）由 100 米到 3000 米不等。其中 1500 张被用来组成一个 1.33 米直径的火星球，这是人类第一个除地球以外的行星仪。图片中心为火星北极，呈心锁状，四周为规模宏大的沙漠区（图 4-8）。

图 4-8　人类第一个除地球以外的行星仪（Credit：NASA）

“水手九号”后，因为自然河道的发现，火星上生命存在的可能性大增，于是，美国积极发展“海盗号”，准备登陆火星，寻找生命。

第五章
“海盗号”登陆

人类从未放弃对火星有生命存在的幻想。“水手四号”的阴霾前景至“水手九号”时彻底烟消云散，我们对火星的恋情再上一层楼。

从地球遥测火星生命的存在，方法极为有限。最直截了当的证据应是看见火星人在望远镜里向我们招手。洛韦尔穷毕生之力试过，没有成功。第二种证据是火星人打无线电话来，我们有把握说，其可能性也为零。以地球 45 亿年生物演化的经验，微生物制造出大量自由氧气和甲烷，用光谱分析可遥测其存在。所以第三种间接证据是火星的大气成分，若有自由氧气和甲烷等生命气体，至少我们可以推测有生命存在的可能性。但到“水手九号”为止，火星 99%的大气为二氧化碳，连氮气都没有，了无生机。

剩下的一个方法，就是登陆火星，直接去寻找生命。

冒险

登陆火星最大的未知数是地表结构。从轨道上取得的照片，分辨率仅达一个足球场的大小，而登陆小艇要安全着陆，降落场地的岩块不得高于 25 厘米，否则登陆小艇脚碰不到地；坡度不能大于 30 度，否则有翻车危险；又不能落在流沙上，那会被吞噬。当然，登陆地点要符合生命存在的可能条件，譬如接近自然河道，地势低洼，大气压略高，有液态水存在的可能。降落地又不能硬得挖不动，无法获取土壤样品。纬度不能太高，否则夜里温度太低，对科学仪器不利。

虽然登陆小艇可由在轨道的卫星转接通信，但最好从地球能看到降落地点，必要时可直接联络。而且，从地球又可先做雷达波扫描测量，来测定地表的平坦度。这好比用橡皮球来估计地板的光滑度：地板越平，球反弹越高。一般用的雷达波长为 13 厘米，分辨率是波长的 10 倍，约 1.5 米。电磁波来回旅程数亿千米，即使反射波很强，我们也只能说岩块或平坦度近乎 1 米多，离 25 厘米分辨率的要求，还差上一大截。

所以，在登陆前不管有多少张现场高空侦测照片，多少次从地球雷达测量，我们顶多只能对两个降落场地比较优劣，但对安全登陆的估计，则完全没有把握。登陆火星是件冒险的事，并且运气占很大成分，是一个不能不接受的现实。

三个生物实验室

“海盗号”有一号、二号，每号由一个轨道卫星（Orbiter）和一艘登陆小艇（Lander）组成。每颗卫星，在与登陆小艇分离前，负责寻找安全登陆地点。登陆小艇降落后，负责勘察登陆地点的地质和地理形势，为未来科学数据分析做准备。轨道卫星在轨道上绕火星转，可充当地球和登陆小艇间的通信转接站，又可对地表进行地毯式拍照。每套登陆小艇和轨道卫星合作无间，相依为命。

登陆小艇的主力科学设备是三个独立生物实验室，一台气相层析仪[①]，一台大气分析仪。在登陆小艇上还有照相机、气象仪、地震仪、地磁仪、大气水汽仪、红外线温度计等。

“海盗一号”（Viking 1）及“海盗二号”（Viking 2）的登陆小艇各在不同地点降落，加上两个轨道卫星，共4大件，同时操作，是一项复杂的科技管理工程。

生物实验室是“海盗一号”及“海盗二号”的灵魂，是20世纪70年代人类最先进和昂贵的大科学计划，其最大难题是人类对火星生命模式完全无知，但要设计一个全自动实验室，在几亿千米外，来判断火星生命是

① 气相层析仪（gas chromatograph）将混合在一起的气体分子，注入一支长数米的高温细管中，细管内预先有氦、氩等惰性气体以一定的速度流动。混合气体中的各类分子因大小、重量不同，跟着惰性气体流动几米后，不同分子流速不同，就被分离出来。仪器可以侦测到 10^{-12} 克的气体分子。

否存在。作者认为这是文明发展史上少有的几次尝试，虽然人类智慧发挥到了极限，但仍有严重贫血现象。

在“海盗号”出发前夕，生物学家认为，火星如果有生命，也应像地球生命起源一样，由微细胞开始，其体积必小如细菌，并且稀少、难找。碳是宇宙间存量丰富的元素，为四价，可与多种其他元素结合成高度复杂的分子，携带大量生命所需的基因，与水的化学作用轻巧灵活，所以生物学家又假设，火星生命也应和地球一样，以碳化学为基础。

生物为了生存，最基本的活动就是“摄食”和“排泄”。以地球绿色细胞为例，“摄食”二氧化碳，使用太阳能进行光合作用，“排泄”氧气和水分。高等动物的食物种类更复杂，排泄物更是五花八门。

火星生物实验就是以“摄食”和“排泄”这两种本能活动为核心来设计的。

火星生物吃什么呢？我们能想象到的是二氧化碳和丰富的紫外线能源。所以第一个火星生物实验应是把火星土壤暴露在600帕至700帕的二氧化碳气体中，照上与火星表面同等紫外线强度的光源，测量二氧化碳被消化的过程。为了正确估计二氧化碳的消耗量，二氧化碳气体是由地球供应的，所有碳原子皆为放射性碳-14。火星生物吃进碳-14，几天过后，实验自动把所有没用完的剩余气体清除掉，然后把火星生物存在的土壤在密封下加热到625摄氏度，火星生物死亡，有机分子分解，可再次测量到放射性碳-14的存在。如果火星土壤中没有微生物，放射性碳-14不会被吸收，加热分解后不会有放射性碳-14出现。所以，这应是一个具有说服力的实验。

但人类的思维终究逃脱不掉“大地球沙文主义”的包袱。我们总认为火星生物生活环境恶劣，渴望地球来拯救它们。地球细菌喜爱的营养液等，火星生物也会喜欢。所以第二个火星生物实验就完全比照地球上以营养液（鸡汤）培养细菌的方式进行，来观察它们的排泄物，诸如氢、氧、氮、二氧化碳、甲烷等。所有的碳原子皆为地球供应的放射性碳-14，以资鉴别。

如果火星土壤中有细菌，与地球的营养液接触后，我们希望它们不但不会被淹死，反而能进行活跃的生命活动，排泄出各类生命气体，包括含碳-14的二氧化碳、甲烷等。所以测量到这类气体，就是火星生命存在的信号。

火星细菌可能几十亿年来吃“素”，地球的“高汤”可能太“补”，火星细菌无福消受。于是，第三个火星生物实验用的是我们认为介于地球和火星之间比较稀释的“营养液”，种类繁多，品味各异，希望火星细菌喜爱食用，然后打饱嗝，排泄出我们翘首以待的生命气体，包括含碳-14 的二氧化碳、甲烷等。

为了绝对保证生物实验的可靠性，整艘登陆小艇，包括所有电子仪器，得在 125 摄氏度的高温下消毒 50 小时，把地球细菌全杀死。在 20 世纪 70 年代，这是一项重大的科技挑战。

这三个精致的生物实验室，在 1970 年初的估价是 1800 万美元。在 1975 年 4 月交货时，已达 6000 万美元。整个“海盗号”的设计，牵涉各类庞大的科技团体。“海盗号”是集体创作的产品，总造价近 10 亿美元，像头多功能的骆驼。

启程

1975 年 8 月 20 日，“海盗一号”出发，9 月 9 日，“海盗二号”跟进，进入霍曼太阳转移轨道后，以织女星（Vega）和太阳为坐标，修正航道。一路有惊无险，“海盗一号”于 1976 年 6 月 19 日进入火星轨道，准备登陆。

1976 年 7 月 4 日是美国建国 200 周年，美国国家航空航天局渴望能在 7 月 4 日登陆。“海盗一号”的第一降落地点，以“水手九号”的照片为基础，在出发前已决定下来。但“海盗一号”进入火星轨道后，6 月 22 日传回的第一张照片显示，第一降落地点布满陨石坑，有各类的河道系统，高低不平。从“水手九号”的照片看不出这些细节。“海盗一号”拍照时，火星大气透亮，没有沙尘飘浮，清晰度远远超过以前的任何照片。第一降落地点虽是理想的寻找生命之地，但能安全降落吗?

“海盗一号”降落的第一要求是安全第一。“海盗一号”安全着陆后，“海盗二号”可冒险登陆科学内涵丰富之地。

“海盗一号”第一降落地点被迫取消，7 月 4 日登陆的梦想破灭，但这是一个明智的决定：宁愿迟些，也不要日后懊悔。

寻找候补降落地点有两个策略，一个是在同纬度寻找；但火星幅员广大，满天撒网，旷日费时，不如沿第一降落地点向西北河道下游方向摸索前进，或许地势会变平坦些。另一个考虑因素是“海盗二号”预定在 8 月 7 日进入火星轨道，“海盗一号”必须在那天之前登陆，否则就得在轨道上等待“海盗二号”先降落。这是因为限于人力和设备资源，航天总署无法同时进行两项降落操作。

此外，还有一个时间因素，11 月火星与地球呈“合”的位置，火星转到太阳的背后，与地球电讯中断，如果“合”之前还不能完成降落程序，又得把“海盗一号”留在轨道一个多月，虽然安全上没有问题，但正式任务迟迟不能开始，也确实令人焦急。

最后的结论是，不管将照片看得多仔细，雷达扫描再用心，还是无法完全保证降落百分之百的安全。登陆火星本是件冒险的事。最后选定的降落点位置在第一降落地点西北方，金色平原（Chryse Planitia）的西北边缘，北纬 22.5 度，西经 47.5 度，登陆日期定为 7 月 20 日。

登陆

1976 年 7 月 20 日美国西海岸太平洋凌晨，地球向远在 3.4 亿千米外的“海盗一号”发出“GVUGNG”六个字指令，开始登陆序列。36 分钟后，“海盗一号”回话，指令已遵命执行。

电磁波以光速传播，需 18 分钟走完 3.4 亿千米的行程。当地球得知登陆指令已被忠实执行时，“海盗一号”已完成前 18 分钟的动作。因为这个巨大时空差距的鸿沟，地球发出“GVUGNG”后，“海盗一号”依预先储存的电脑程式，开始全自动化登陆动作。储存的电脑程式有一定的智能性，可应付、解决各类紧急事件。整个登陆过程，地球只是观众，得到的进度报告都是过去 18 分钟前发生的历史事件。

工程数据由每秒 4000 比特转换成每秒 16 000 比特的开关在登陆小艇的脚下，当登陆小艇的三只脚坚实地落在火星表面时，工程数据即刻由每秒 4K 变成 16K，并同时切断登陆用的反射火箭。所以当屏幕显现 16K 字眼时，是登陆成功的证据。

为避免混淆，以下所用的时间皆为美国西海岸太平洋火星信号接收时间（earth receiving time，ERT）。

1:51:15 AM：“海盗一号”登陆小艇与轨道卫星在 5000 千米高空分离成功。喷气推进实验室控制室传出第一次欢呼声。分离后，轨道卫星继续沿着既定轨道向前滑行。

1:58:16 AM：登陆小艇反射火箭点火，开始以预计轨迹向火星大气坠落。

2:20:32 AM：反射火箭在预定时间熄火，开始一个长达 2.5 小时向火星大气层坠落的滑行。火星有效大气层在约 30 千米高空处开始，登陆小艇切角为浅浅的 16 度，以尽量利用火星稀薄的大气阻力，达到刹车减速的目的。美国东部媒体截稿时间已到。《芝加哥论坛报》（*Chicago Tribune*）定下次日的头条新闻：“海盗号失败”（Viking Failure）。该报在 1948 年美国总统大选时，也登过错误的头条“杜威击败杜鲁门”（DEWEY DEFEATS TRUMAN）。

5:03:08 AM：登陆小艇正式进入火星大气。大气成分测量开始。热壳（heat shell）在火星大气减速的熊熊烈火中发挥保护作用。控制室和记者室一片肃静，屏息紧盯着由 3.4 亿千米外，以每秒 4K 比特传回的数据。登陆小艇此时可能已登陆成功，也可能早已坠毁。

5:10:06 AM：登陆小艇离地面 6458 米，减速降落伞由一根 40 厘米的炮管射出，继续减速，热壳在 6000 米高度与登陆小艇分离，然后登陆小艇的三只脚张开，登陆小艇时速约 160 千米。

5:11:09 AM：减速降落伞带着保护壳在 1600 米高度与登录小艇分离，登陆小艇的反射火箭点火。

5:12:07 AM：工程数据由每秒 4K 变成 16K，控制室里的工作人员喜极而泣，记者室爆出狂欢的喝彩声。

图 5-1 绘出了这段紧张刺激的登陆示意图。图 5-2 展现了艺术家想象中着陆前刹那间的景象：登陆小艇的三个登陆火箭狂喷刹车，地表灰尘飞扬，左上角天空中，完成任务后的保护壳，仍在乘减速降落伞徐徐落下。

图 5-1 “海盗号”登陆示意图（Credit：NASA）

“海盗一号”落地后，第一件急事就是要看看脚底下的地，原因是火星几亿年来尘暴不停，可能把岩块完全风化成细沙或流沙，有把登陆小艇吞掉的危险，要赶快确定“海盗一号”是否真的站稳了脚跟。这幅人类第一张在火星地表的照片（图 5-3），编号为 76-H-554，虽然原版不像“水手四号”的第十一张照片那么难找，作者还是花了一些时间，把它从美国国家航空航天局的资料室里翻了出来。

图 5-2　艺术家想象中“海盗号”着陆前刹那间的景象（Credit：NASA）

图 5-3　“海盗一号”为人类在火星地表照的第一张相片，编号为 76-H-554（Credit：NASA）

这张照片中央部分距第二号相机约1.4米，中间偏左上方呈菱形状的岩块约10厘米大小，岩块表面布满了小细洞，很可能由挥发的气泡形成，间接推断是从火山熔岩凝固而来。左上角岩石可清晰看见两条相交的裂痕。地面上有一层灰尘和各种大小的石块、沙砾。右下角登陆小艇的二号脚垫下泥土结构坚实，没有下陷的危险。脚垫槽中堆积了些沙砾，肯定是由反射火箭激起的沙尘而来。太阳由右边射入，降落架支柱的阴影轮廓清晰，二号脚垫阴影中的小石块也看得见，这可能是因为火星大气中的微尘把光散射到阴影部位所致，是地球上难得一见的物理现象。

“海盗一号”的确是四平八稳地停泊好了，人类终于在火星上建立起第一个滩头阵地！

“海盗二号”9月3日降落在乌托邦平原（Utopia Planitia）北面（北纬47.9度，西经225.9度），距“海盗一号”有7200千米之遥。在这个纬度上的降落场地，由地球发出的雷达波反射不回来，所以这个登陆地点全得由高空的照片来决定。但因为“海盗一号”已安全着陆，“海盗二号”可以冒大一点的险，选择科学内涵环境丰富之地降落。

“海盗二号”登陆程序开始后，轨道卫星与登陆小艇分离，轨道卫星开始飘游失控，高灵敏度、高方向性通信天线做大幅度晃动，与地球通信时断时续。美国国家航空航天局的工程师远在3.4亿千米外的天涯，急得全身冒汗。幸好电脑迅速发挥智慧，先启用全方向性、低灵敏度通信天线，稳住与地球的通信品质，再关掉主要电子系统，以后备电子系统代替。

10分钟后，情况仍无改善，证实不是电子系统问题，电脑于是决定开动后备姿态控制陀螺仪，情况迅速好转，终于化险为夷，但已造成卫星轨道不正确，经大幅度修正后，才恢复正常运作。

“海盗二号”降落地点低洼，比“海盗一号”接近水源，是寻找生命更理想的场所。

“海盗二号”拍摄的第一张照片（图 5-4）也是往二号脚垫处看，与“海盗一号”结果大同小异，但岩块上的凹洞明显，更像是由气泡吹出来的。

图 5-4 “海盗二号”拍摄的第一张照片也是往二号脚垫处看（Credit：NASA）

火星大气含氮！

“水手九号”之前，火星大气成分为 99%二氧化碳，没有氮气。火星与地球在形成初期时，应该极为类似。但地球至今氮气仍然丰富，而在火星却测不到氮，个中原因可能很多，包括火星脱离速度仅为每秒 5.0 千米，比地球的每秒 11.2 千米低了许多。一般氮分子速度可达每秒 6.3 千米，容易逃逸火星，但脱离不了地球。几十亿年下来，火星氮气逐渐流失，是合理的现象；但是火星一点氮气都没有，也实在相当令人费解。

“海盗一号”登陆小艇在穿过火星大气层时，首次取样测量，结果发现火星竟仍含有 2.7% 的氮气，其他成分是 95.32% 的二氧化碳、1.6% 的氩、0.13% 的氧、0.07% 的一氧化碳、0.03% 的水汽和其余少量惰性气体。

火星大气含 2.7% 的氮气，结束了一个世纪的辩论，也彻底瓦解了火星无氮气就不可能有生命的论点。火星上紫外线强烈，2.7% 的氮足够与其他碳、氧、水汽等结合，形成丰富的“氮肥雨”，散播到火星各地。“海盗一号”探测过后，氮就不再成为限制火星生命发展的障碍了。

“海盗一号”也测量到火星有极微弱的磁场，是地球的万分之一。磁场由地壳中产生，不像地球是由外地核中巨大流动的铁浆形成。火星即使有核心铁浆，也可能是凝固的，并且很小。

“海盗一号”登陆后，第一天传回气象报告：下午微风由东转午夜西南，最高风速每小时 24 千米，黎明时的温度为零下 85 摄氏度，昼间回升至零下 30 摄氏度，气压 770 帕，稳定。

“海盗一号”的地震仪发生故障，“海盗二号”地震仪工作正常，测到火星有两次地震，一次 6 级，震中在 7200 千米外，一次 2 级，震中在 200 千米外。因“海盗一号”地震仪的故障，无法与“海盗二号”联网，决定震中确切位置。

两个“海盗号”在距离 7200 千米之遥的两地，分别采集土壤样品，进行生物实验（图 5-5）。两种营养液实验，都显示有大量气体释放出来，是生物存在的反应。二氧化碳和紫外线实验，土壤加热后，搜集到大量碳-14 原

图 5-5 “海盗一号”正面地表景象。右下角留下土壤样品搜集后的痕迹，深 30 厘米。最左边为核能发电机，盖子边缘覆有一层细沙（Credit NASA）

子，依照原设计解释，也应是细菌存在的迹象。这些初步结果，令科学家兴奋了好几天。为了慎重起见，科学家要确定火星有有机物质的存在。虽然有机物质的存在不一定表示生命的存在，但生命一定得与有机物质共存。

有机物质的存在与否，可由气相层析仪来决定。但气相层析仪左量右测，就是找不到有机物质。

火星上侦测不到有机物质是一件令人震惊的发现。宇宙星尘中充满了氨基酸分子。这些有机分子，乘坐陨石列车，降落在每个行星表面。以地球经验，它们甚至可能是生命的源头。但火星上没有有机物质!

科学家再回头仔细研究三项生物实验的反应，发现火星土壤长年经强烈紫外线照射，土壤中可能含有饱和的超氧化合物（superoxide），与营养液一接触，发生强烈的化学反应，释放出大量氧等气体。干冷的土壤与二氧化碳气体和紫外线实验所得到的奇怪结果，也可能与火星的超氧化合物有关。但火星没有有机物质的旁证，足以使科学家三思而行，宣布“海盗号”在火星上没有搜集到证明生命存在的证据。美国国家科学院也声明:“海盗号”的生物实验，降低了火星生命存在的可能性。

天然杀菌室

火星于 1976 年 11 月 8 日进入“合”的位置，科学家由地球发射出去火星的双程电磁波，通过太阳巨大重力场边缘，由火星反射回来，进行一项“时间延迟效应”的相对论实验，再次证明爱因斯坦弯曲的四维空间，增长了电磁波双程里传播的时间约 0.000 25 秒，等于从火星到地球的牛顿直线距离增加了 37.2 千米。电磁波在重力场中走的是四维空间的几何流形，不是三维空间两点间的直线。

当火星由太阳背后再出现时，已是 35 天后的事了。

“海盗号”在火星没找到生命，使人类理解到火星地表目前没有生命的原因：火星干燥无水，加上强烈的紫外线照射，形成高度氧化的地表。有机物中的碳原子与化学亲和力强大的超氧化合物接触，即刻形成二氧化碳之类的无机物，逃离地表，进入大气。火星地表目前是被强烈的紫外线消毒得干干净净，不但生命无法生存，连有机物质都不可能形成存在！

以目前火星到处可见自然河道的地表，火星在三四十亿年前应有可观的大气层，可过滤紫外线，并以温室效应和地热来维持较高的地表温度。地球的无核单细胞生命，在地球形成后十亿年就已经存在。在火星那种自然环境下，生命也可能起源。

如果火星目前有生命，它必定深藏地下，与强烈紫外线隔离，生活在地下水源附近。火星的水源将带领人类寻得火星的生命。

从另一个角度看，火星在近几十亿年中，失去了大气层，生命环境转为极端恶劣，火星的生命也可能早已灰飞烟灭。如果是这样，人类寻找火星生命的重点，就应该放在几亿年甚至几十亿年前的化石生命遗迹上。

两艘“海盗号”登陆小艇用的是核能发电，一号登陆小艇工作了6年，二号登陆小艇工作了4年，实地搜集了大量火星数据。一号的轨道卫星工作了4年，二号的轨道卫星则工作了9年，共摄得5万多张高分辨率的照片。“海盗号”虽然都已经鞠躬尽瘁，但已然建立起现代人类火星知识的宝库。

第六章
火星风貌

理论贫乏，数据丰富

“水手四号”打开了现代人类火星探测的时代，火星不再是雾中花。“水手四号”观测了火星1%的地表，共取得22张清晰度中下等的照片。火星表面如月球，到处是陨石坑，显现出一片冷、干、死寂的世界，想看到运河和绿色地表的人们失望了。

“水手六号”“水手七号”观测了19%的火星地表，共取得201张照片，分辨率达300米，确认了“水手四号”的观测，又看到两类新的地形，一类连绵千里，表面光滑，似乎历经长期风化侵蚀或火山熔岩覆盖；另一类可被称为“混乱地形”，与地球大规模山崩后的遗迹相似。这类地形极可能是因地表下的水冰融化后塌方而成。至此，水与冰开始与火星挂钩。

“水手九号”是人类第一颗进入别的行星轨道的人造卫星，它观测了火星100%的地表，共摄得7329张照片，发现了4座巨大的火山口，其中奥林帕斯山为太阳系第一峰，可容纳3座珠穆朗玛峰。它又看到了规模大于美国亚利桑那州“大峡谷”（Grand Canyon）10倍的水手号谷，以及上百条干涸的自然河道。这些河道，似乎在向人类诉说火星被遗忘的过去和那姿彩丰富的水文历史。这些发现，重新激起了人类寻找火星生命的万丈豪情。

两艘“海盗号”带着人类殷切的期望，成功地在火星登陆，展开了寻找生命的使命。虽然“海盗号”没有找到火星生命，也没侦测到有机物质的存在，使地球的人失望了好一阵子。但是，它的确为我们完成了一次无比成功的探测任务。它给了人类第一次穿透火星大气的机会，实地测量到火星大气毕竟含了2.7%的氮，足够生命起源和发展所需。“海盗号”的两颗轨道卫星，先期勘测登陆地点地形，鉴定登陆安全系数。“海盗号”登陆后，两颗轨道卫星供应了降落地点清晰的宏观照片，使“海盗号”在火星地表所做的各类实验的数据分析，能够与实际的地质、地理环境相结合。这两颗卫星的轨道，因受到火星两个卫星，即火卫一、火卫二的影响，从而可计算出这两颗火星卫星的密度。这里有几个有趣的小故事，作者在第七章“火星的月亮”再谈。

轨道卫星又可作为“海盗号”与地球通信的中继站。这两颗轨道卫星和两艘登陆小艇，共取得5万多张照片，构成了目前火星地表资料库的主体，使我们对火星的了解更加深刻，但同时却又发现了很多无法解释的现象，给人类太空时代“新”的火星知识蒙上了一层浓厚的神秘色彩。诚如卡尔·萨根（Carl Sagan，1934–1996）所说，目前人类对火星的知识，已由“数据贫乏，理论丰富”转型到“理论贫乏，数据丰富”的时代。

前仆后继

1988年7月，苏联先后送出两艘火卫一（佛伯斯）探测仪，“佛伯斯一号”（Phobos I）在路上失踪，“佛伯斯二号”进入火星轨道，成功地搜集到火星地表的光谱和一些与温度有关的数据，并取得40余张火卫一的照片，但在企图接近火卫一时，失去联络。

“海盗号”后，美国集中精力发展航天飞机和国际太空站，一直到1992年才送出造价10亿美元的“火星观测者号”，但不幸在抵达火星前失踪了。

1996年美国发射“火星全球勘测卫星”（Mars Global Surveyor，MGS），是美国国家航空航天局“快、好、省”新策略的开路先锋，成功进入轨道，送回许多分辨率高达6米的照片，比“海盗号”卫星照片质量又提高了数倍。

美国“火星探路者号”（Mars Pathfinder，MPF）在1996年12月4日发射，于1997年7月4日登陆成功。它降落的地点离“海盗一号”不远，取得了大量火星岩石成分与种类的数据，是继“火星全球勘测卫星”后，又一个“快、好、省”新策略成功耀眼的例子，作者在第十章“往返火星”

再谈。

1999 年美国“火星极地登陆者号”系列全军覆没。为了彻底执行“快、好、省”的轻装急行军策略，“火星极地登陆者号”在穿过火星大气层的登陆过程中，没有安装通信设备。失踪后，连“验尸报告”都没有，比 23 年前的“海盗号”还不如！稍前，美国的“火星气象卫星”因公制和英制的转换疏忽，发生严重人为错误，导致宇宙飞船在进入火星轨道时，坠入大气焚毁。

到 1999 年年底，人类前后共送出 30 艘宇宙飞船去火星，其中俄罗斯（包括苏联）16 次，没有一次可称为“成功”的。其中部分成功的几次，作者把它们加起来，算它够上两次。但俄罗斯屡败屡战，其志可嘉。美国送出 13 次，8 次成功，登陆 3 次。日本于 1998 年送出“希望号”火星卫星，无奈在地球重力助推加速过程中，火箭燃料阀门受损，燃料泄损严重，虽然启动了后备紧急方案，最终还是无法追上火星，任务于 2003 年 12 月 31 日以失败告终。

且看，在新千年开始之际，人类对火星知多少？

天文

太阳系共有四颗大石质行星，火星是距太阳最远的石质行星。火星之外，是小行星带，再向外走，除应为“矮行星”等级的冥王星，其余的木星、土星、天王星、海王星皆为巨无霸的气体行星。木星强大的引力很可能掠夺及逼走了火星轨道上部分原始材料，使它先天营养不良，长成一个小矮个、有个厚厚的地壳、核心可能有个已凝固的小铁球，磁场微弱仅及地球的万分之一。

所有的外部迹象显示，火星没有板块运动。火星直径仅为地球的 53%，6780 千米，两极扁平，赤道鼓起，与地球相似。火星的重力场为地球的

38%，平均脱离速度为每秒 5.027 千米，低于包括氮气在内的气体分子的速度，几十亿年下来，气体分子逐渐逃逸，小矮个火星无法保住自己的大气层，只得逆来顺受地承受强烈的太阳紫外线与各类宇宙射线的凌辱，穷途潦倒地过着悲惨的日子。

开普勒以火星证实了所有行星绕日轨道均为椭圆形。火星的离心率为 0.093，轨道平面与地球绕日轨道平面夹角为 1.85 度。轨道近日点为 206.5 百万千米，远日点为 249.1 百万千米，平均距日为 1.524 天文单位，日照强度为地球的 43%。假设火星和地球吸收阳光率皆为 75%，没有大气层的温室效应，则火星的平均温度应为零下 65 摄氏度；地球的平均温度是零下 15 摄氏度，比火星高出 50 摄氏度。

火星每 24 小时 37 分 22.7 秒自转一周，定为一火星日（sol），比地球一天（day）长出约 40.5 分钟。火星每 686.98 地球日或 669.60 火星日绕日一周。火星与地球每 778.94 天“冲”一次。“冲”之前的 100 天，是由地球向火星发射宇宙飞船的发射窗口。

火星自转轴与轨道呈 25.2 度夹角，与地球的 23.5 度相当接近。与地球一样，自转轴的倾角意味着阳光照射火星地表的角度，随火星在太阳轨道上的位置而变，造成火星四季分明。近日点为南极夏天（北极冬天，共 158 天），热而短，远日点为南极冬天（北极夏天，共 183 天），冷而长。

火星有两个小卫星：火卫一和火卫二。火卫一平均直径 27 千米，距火星 9378 千米，每 7 小时 39 分钟绕火星一周；火卫二平均直径 15 千米，距火星 23 459 千米，每 30 小时 18 分钟绕火星一周。两个卫星质量太小，不像我们的月球，有稳定地球自转轴的功能。据估计，火星自转轴每 50 万年会发生近 60 度的变化，造成火星地表温度剧烈变化，以地球的眼光来看，不利于生命的起源和演化。

火星没有海洋，只有陆地，总面积相当于地球陆地总面积的 97.6%，以“幅员广大”来形容火星，并不为过。

大气

火星大气给人类的第一个印象是稀薄，在 600 帕至 1000 帕之间，不及地球的1%，相当于地球 3 万米高空的气压。3 万米是地球越洋民航机飞行高度的 3 倍。如果人类在这么低的气压下生活，得穿上压力衣，以防止血液沸腾。第二章提到过，在这种气压下，固态冰直接挥发成水汽，不经过我们熟悉的冰—水—水蒸气转变（相变）过程。

液态水在火星表面无法存在，在压力高些的深谷或地下或许可能出现。

火星地表平均温度，由南北极的零下 150 摄氏度到赤道的 15 摄氏度，火星全球终年可以说是在酷寒状态。火星上的水汽虽然少，但极接近饱和，与人类的皮肤接触，仍然会有潮湿的感觉，如果全变成水，仅可覆盖火星地表达头发厚度的 1/10，即十万分之一米。有时水汽形成大规模的云层，地面望远镜看得到。云层最常集结在塔西斯高地一带，使 4 个火山口若隐若现。有时螺旋状云会出现在北半球高纬度地段。夜间，水汽凝结在水手号谷谷底或其他低洼地区，日出后，蒸发成一层薄雾。清晨，在“海盗号”目力所及处，岩石常被霜覆盖。

第五章提到“海盗一号”发现火星的大气含二氧化碳 95.32%、氮气 2.7%、氩 1.6%、氧 0.13%、一氧化碳 0.07%、水汽和其他一些惰性气体 0.03%。火星的大气压因南、北两极二氧化碳季节性凝结、挥发的密切互动关系，变化甚剧。南半球夏季时，温度升高，南极冰帽挥发，二氧化碳进入大气，火星大气压增加。此时北半球为冬天，气温低，大气中多出的二氧化碳就在北极凝结，扩大了北极冰帽面积。在北半球夏天时，程序相反，二氧化碳被处于冬天的南极回收，完成一个周期的循环。因南极冬季长，凝结在南极冰帽中的二氧化碳总量较多，可使火星大气压降低 25%。

南半球春夏之交时，火星南、北两极二氧化碳进行大规模季节性的交换，形成一股强大的由南往北走向的气流，加上南半球中纬地区的地表开始转热，热气上升，往赤道延伸，与北半球冷气团遭遇，激起低空由西向东的气流，连带引发高空由东向西的喷射气流，“海盗号”的气象站经常记录到这种以3天为周期的风暴。

地球的大气层，在接近地表的20千米内为对流层（troposphere），温度受地表的辐射和水汽—冰间转化能量所控制。温度由低空向高空方向逐渐降低，在对流层顶，可达零下50摄氏度。对流层上面到离地50千米处为平流层（stratosphere），因臭氧吸收大量日光中的紫外线能量，温度回升至零摄氏度，形成下冷上热，所以又称逆温层（inversion layer），气层下重上轻，犹如不倒翁，异常稳定，极少流动。

地球平流层上方到离地约80千米处为中气层（mesosphere），由二氧化碳吸收日光能的机制控制，温度再次下降，至中气层顶（mesopause），可低到零下80摄氏度。中气层顶之外，进入增温层（thermosphere），逐渐进入太空，温度由日光强烈的紫外线主宰，迅速回升。进入太空后，物体表面温度全由日光节制：向阳面高温，背阳面酷寒。

对比起来，火星大气垂直温度的结构，与地球截然不同。火星大气中不含臭氧，没有下冷上热稳如不倒翁的平流层，而火星大气中灰尘含量却高于地球千百倍，赋予了火星大气特有的性质：灰尘满天时，大气温度可上升20～30摄氏度。

天气晴朗无尘时，火星地表45千米以内的大气温度，由土壤含热量的大小调整，越高越冷。与地球不同，火星水汽太少，水汽－冰凝固、挥发时热量的增减，对大气温度的变化贡献极微。离地45千米到110千米之间，大气温度仍继续下降，但控制温度的机制，转由二氧化碳吸收阳光辐射的能力掌握。110千米以外，与地球一样，强烈的紫外线使大气的温度回升。由125千米的外气层（exosphere）开始，各类火星大气分子以扩散方式[①]，

① 在极低压时，气体分子稀少，分子之间距离很大，不互相碰撞，分子可沿重力场弹道轨迹运行，以热力学术语形容，谓气体“扩散”（diffusion）。

在火星重力场控制下，进入各种轨道，寻找契机，脱离火星。

火星重力场是地球的38%，脱离速度约为每秒5千米，与地球的每秒11千米比较，慢了一截。氢、氮、氩、氙、水汽等气体，因强烈紫外线的照射，速度超过每秒5千米，造成这些可被地球重力场套牢的气体分子，能轻易逃离火星的重力陷阱。火星刚形成时，大气成分可能与地球雷同，但几十亿年下来，小矮个火星保不住自己的大气，氢、氮、氩、氙、水汽等纷纷逸出，一去不返。火星大气压因而渐减，沦落到今天惨不忍睹的局面。气压低，则大气吸热和存热能力低，天寒地冻，液态水消失，强烈紫外线长驱直入，把地表消毒得干干净净，连有机分子都被分解殆尽。

即使数十亿年以前，火星曾有过生命，至今恐早已灰飞烟灭，或变成化石，或深藏地下，不再露面了。

火星 DNA

一般稳定的原子核由特定数目的质子与中子组成①。通常一种原子有两种以上稳定的同位素，如氢（hydrogen，H，一个质子）与氘（deuterium，D，一个质子加一个中子），皆为氢的稳定同位素，但氘比氢重。以此类推，氮有氮-14（^{14}N）、氮-15（^{15}N）两种稳定同位素，氩有氩-36（^{36}Ar）、氩-38（^{38}Ar）、氩-40（^{40}Ar）三种，氙有氙-129（^{129}Xe）、氙-132（^{132}Xe）等。

地球与火星可能由相同材料形成。45亿年前，它们大气中拥有的各类同位素的种数应雷同，而同种原子间同位素的比例也应差异不大。轻重不

① 自从6种夸克（quark）被发现后，质子与中子被称为重子（baryon），由夸克组成。如质子由2个上夸克（up quark）和1个下夸克（down quark）组成。上夸克带2/3正基本电荷；下夸克带1/3负基本电荷，使质子带1基本电荷。中子由1个上夸克、2个下夸克组成，总带电量为0。其他4种夸克分别为：魅（charm，2/3正基本电荷）、奇异（strange，1/3负基本电荷）、顶（top，2/3正基本电荷）和底（bottom，1/3负基本电荷）。

同的同种原子的同位素，在相同温度下，速度各异：重者慢，轻者快。轻者逃走的要比重者多。但火星与地球的重力场不一样，脱离速度火星低，地球高。地球重力场能锁定的同位素，火星可能保不住。45 亿年下来，同种同位素间的比例逐渐分道扬镳，各负责其所在行星的重力场。

“海盗号”实地在火星上测量这些同位素的比例，其中一小部分结果见表 6-1，并与地球比较。

表 6-1　火星与地球同位素比例比较

同位素比例	火星	地球
$^{14}N/^{15}N$	170	272
$^{38}Ar/^{40}Ar$	0.00033	0.0034
$^{129}Xe/^{132}Xe$	2.5	0.97
H/D	1300	6500

在地球，每 6500 个氢原子配一个氘原子，火星把这个比例浓缩，变成 1300 ∶ 1。氢和氘是组成常态水（H_2O）和重水（D_2O）的成分。火星氘与氢的比例是地球的 5 倍强，表示火星的氢相对氘分子的逃逸率比地球快。H/D 比例是火星水的案件幕后的藏镜人，作者在第八章“诺亚洪水”再叙。

虽然火星氮-14 对比氮-15 的逃逸率，只为地球的 1.6 倍，但绝对逃逸量肯定比地球高出许多，造成现今火星氮的总气压不及地球的 0.03%。氩的同位素比例与地球差别更大，近 10 倍。氙的比例相差近 2.5 倍，但反过来：火星比地球留下更高比例的轻氙。原因是氙存在于火星大气中，受各类辐射线的撞击可增加轻氙比例，个中情况较为复杂，在此不予深究。

重要的概念是，行星间同位素比例明显不同，是因行星间重力场各异，加上行星各自特殊的紫外线、物理、化学和地质环境，经过漫长岁月的琢磨，而逐渐形成的。

这些不同同位素间的比例数值，恰如一个行星的指纹或遗传基因 DNA，不能作假。

天文地质学家使用这些鲜明的同位素比例值，来鉴定坠落在地球各类陨石的出生地。

作者在第九章“生命从天上来”再加说明。

尘暴

从南极巨大冰帽逃逸出来的大量气体，在日夜剧烈温差的牵动下，经常引起大规模的尘暴（dust storm），情况严重时，可覆盖火星全球，掩遮一切地表，就如“水手九号”初临火星时一样，尘暴肆虐，地表深藏，一两个月后才得平息。

当火星尘埃满天时，大气吸热能力增加，可提高火星大气温度 20 ~ 30 摄氏度。扬起灰尘的总量，有 7 亿多立方米，可覆盖火星全球地表 1/10 头发厚度。在地面望远镜观测时代，常看到火星隔夜“山河变色”，都是因为尘暴携带大量灰尘所致，尘暴平息后，灰尘重新分布，大规模改变了地表颜色，面积有时可达半个中国大。

尘暴的另一巨大功能，是对地表进行风蚀作用。“海盗号”登陆之时，科学家不但要忧虑高低不平的陨石坑，和经陨石撞击而散落在各处的岩块，还要忧虑火星亘古的风蚀作用，可能已把所有岩石蹂成细沙，甚或流沙，可能会将登陆艇吞掉。

所以，当“海盗号”安全落地，发现脚下是坚实的土地，并还有许多大小不一的岩块样品留下时，对我们来说，是一个意外的惊喜。

“海盗一号”轨道卫星在为“海盗二号”登陆小艇寻找登陆地点时，在北半球摄得一张所谓“火星人面像”（Face on Mars，图 6-1）。照片中央的人面约 1 500 米大小，太阳由左上方以 20 度角射入。其他各类散布的岩块，都有明显风化迹象。“火星人面像”可能就是由尘暴“雕塑”成的。

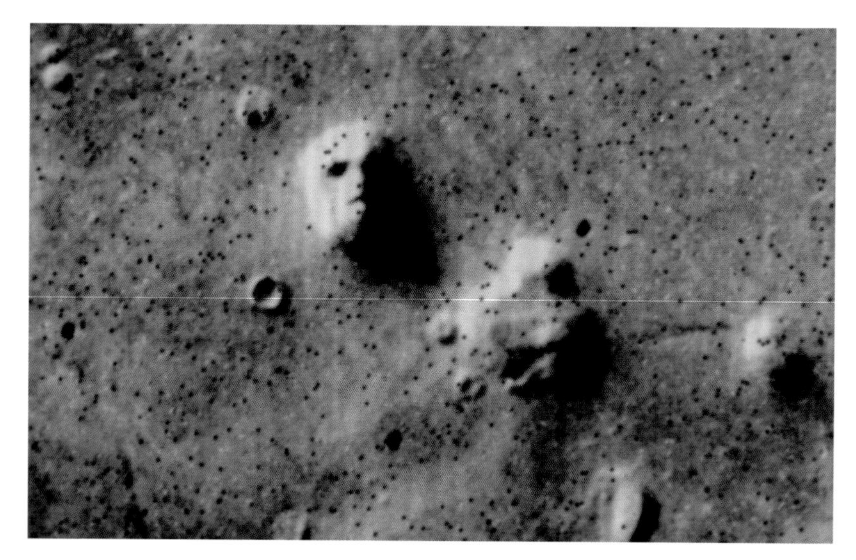

图 6-1　火星人面像（Credit：NASA）

“火星人面像”公布后，引起“八卦族”密切关怀，认为是“火星人”的艺术作品，对美国国家航空航天局不肯说“实话”公布“详情”大表不满，纷纷提出媒体控诉，热闹了好一阵子。

“火星人面像”被媒体炒作近 30 年后，美国国家航空航天局在 2007 年特别以新一代“火星勘测轨道飞行器”（Mars Reconnaissance Orbiter）上的“高分辨率成像科学设备”（High Resolution Imaging Science Experiment，HiRISE）取得一张分辨率为 90 厘米的高清照片（图 6-2），秋毫毕露地呈现出“火星人面像”是由尘暴“雕塑”而成的砾丘。美国国家航空航天局耐心地等候了 30 余年的时间，认真处理了一般老百姓热衷的火星八卦事件，“火星人面像”至此完全谢幕。

火星尘暴的确产生了大规模的风化作用，造成了包围在北极四周的巨大沙漠和零星散布在各地的沙丘区（sand dunes field）。比较起来，北半球受风蚀情况较为严重，沙砾常将陨石坑埋住，形成平坦的地表。南半球陨

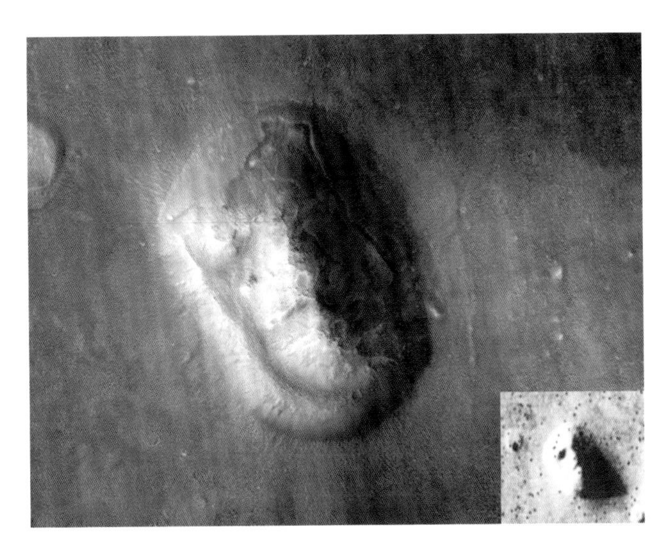

图 6-2　美国国家航空航天局在 2007 年 4 月 5 日取得一张高分辨率“火星人面像”（Credit：NASA）

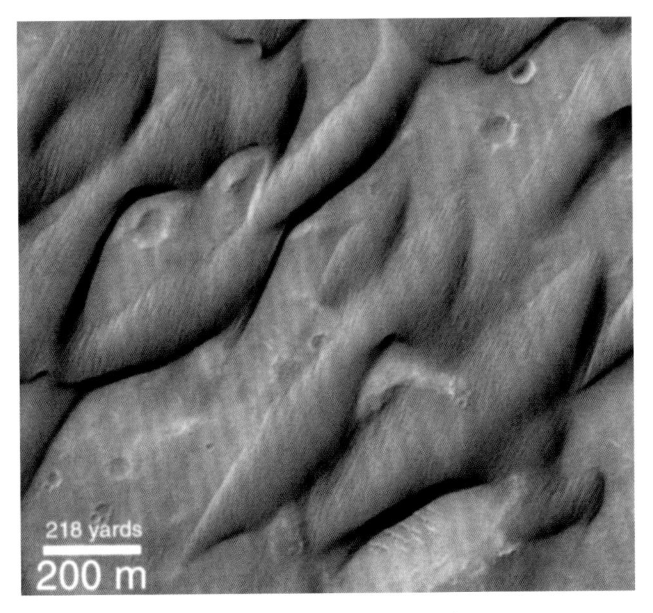

图 6-3　火星尘暴产生了大规模的沙丘（Credit：Malin Space Science Systems/NASA）

石坑满布，锐利鲜明，似乎没受到什么尘暴的蹂躏。间或，一些构造特殊的沙丘零散其间。

1999 年 5 月 5 日，“火星全球勘测卫星” 在赫歇耳陨石坑（Herschel Crater，南纬 15 度，西经 229 度）内东侧，发现一类奇怪的沙丘（图 6-3）。沙丘中夹杂着一些深刻的纹路（grooved），纹路中的沙子好像被强风吹走，沙丘表面犹如被胶水黏住，很像是水渗透沙丘后整体被凝固后的效果，但真实原因仍不清楚。

数据平面

火星没有海洋，没有海平面，地势起伏，以人为规定的数据平面（Datum Surface）为准。数据平面是火星地表大气压为 610.7 帕的高度。在这个气压下，水的沸点为 0 摄氏度。火星高地，气压比数据平面低；火星盆地、洼地，气压则比数据平面高，概念上与地球以一大气压（1.013×10^5 帕）为海平面高度类似。

宏观上，火星南半球地势比数据平面高，尤其在南纬 25 度到 75 度之间，可高出数据平面 2.5 千米至 6.5 千米不等。相反的，北半球地势低洼，平均在数据平面下 2 千米多，唯有连绵 4000 千米的塔西斯高地高出数据平面有 5 千米之多。

但没人知道火星的南、北两半球地势差形成的原因。

塔西斯高地，包括西北方的奥林帕斯山，组成了太阳系第一火山群奇观。发育不良的火星可谓铆足了劲，喷出了太阳系最大的火山，争取到人类对它的尊敬和赞叹。

从塔西斯高地往东南方望过去，在赤道南边，有一条 4500 千米长、宽达 250 千米、深 8 千米的水手号谷。在地球上，美国的大峡谷长 450 千米、宽 25 千米、深 1.5 千米，可轻易装入水手号谷的支谷里。东非大裂谷，长可略比，但宽、深不及。从火星轨道上观看，水手号谷像是被刀子刮出的一道深深的伤痕，中间宽，近圆形，两边以锥形向东、西方向射出。小个子火星，又创出另一个太阳系奇观。除抢眼的水手号谷和巨大的火山口外，图上由南向北还有一条长达 4000 多千米的凯西谷（Kasei Valles），构成塔西斯高地（Tharsis Bulge）的东缘，犹如地球的长江大河，清晰可见，是火星上最大的一条干涸河道（图 6-4）。

图6-4　火星赤道南边的水手号谷（Credit：NASA/USGS）

虽然地质学家目前还搞不清楚塔西斯高地形成的原因，但水手号谷可能是它闯出的祸。原因是造高地需要材料，从地下吸，会引起在水手号谷处塌方。另一个理论认为水手号谷是火星初期的板块运动撕出的裂谷，但火星比地球小很多，散热快，内部熔融的地幔迅速凝固，板块运动早已胎死腹中，未能继续发展。

在多次去加州喷气推进实验室出差期间，有一张奇特的水手号谷照片，引起了作者的极大兴趣。这是一张由东（南纬 12 度，西经 65 度）朝西向水手号谷中央（南纬 8 度，西经 75 度）望去，非常接近火星地表的俯瞰图片（图 6–5），谷壁结构清晰，支谷错综复杂，天地交接处，谷景开阔，气势磅礴。谷外地形平坦，陨石坑零星分布。这张照片有很多标题，作者最喜欢的是：“如身临其境”（The next best thing to being there）。

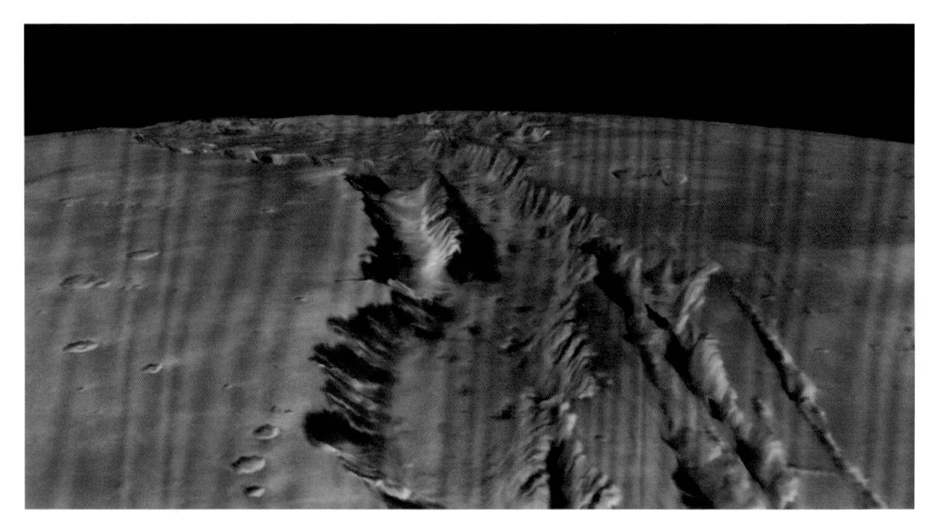

图6–5　由东朝西向水手号谷中央望去的俯瞰图片（Credit：NASA/JPL/ USGS/李佩芸）

作者托同事打听，找到了这张照片的作者，是当今在喷气推进实验室工作的李佩芸，加州理工学院计算机博士，是一位杰出的电脑模拟科技领导人才。她和她的工作小组成员使用“海盗号”原始高空照片，在电脑上转换成低角度俯视，并增加谷深 5 倍，共用了 842 兆字节。这些成果被美国地质观测所（U. S. Geological Survey，USGS）采纳，制成低空飞越水手号谷的录像带，供大众观赏。

“火星全球勘测卫星”于 1998 年 1 月 1 日傍晚，在绕火星第 80 圈时，摄得一幅分辨率高达 6 米的水手号谷中一个小谷脊照片，涵盖了 9.8 千米 × 17.3 千米的面积（图 6–6）。照片中央为平坦的小谷脊，最宽处近 6 千米，两边斜坡陡峻，呈束状，向北（图上方）、南（图下方）两方向滑去。岩石结构多层次，由数米到数十米不等。在地球上，这类地形可能由沉积而成，如亚利桑那州的大峡谷，或由火山形成，如夏威夷考艾岛（Kauai）上的威米亚山谷（Waimea Canyon）。这些层次分明、厚实的岩石结构说明了火星地质成因有着丰富和活跃的历史背景。

若由水手号谷大胆向南方高纬度方向迈出，最终会抵达南极。

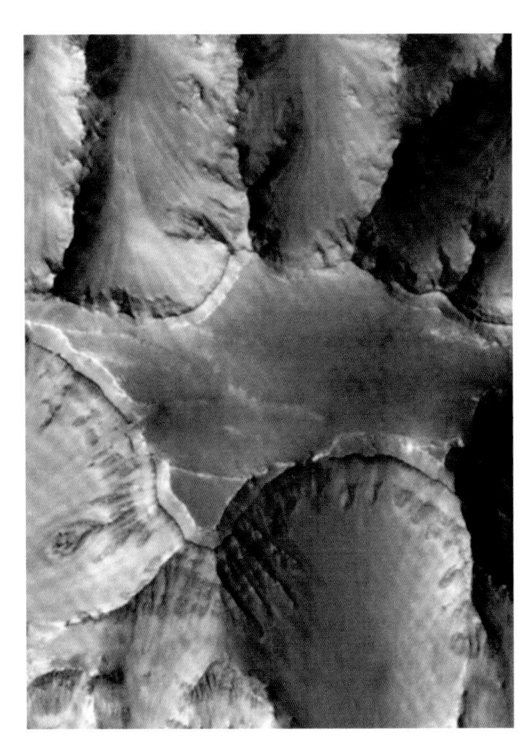

图6–6　水手号谷中一个高分辨率的小谷脊照片（Credit：NASA/USGS）

南北极

南极冬天冷而长（远日点），造成南极二氧化碳冰帽在冬天时有足够时间，延伸到南纬 45 度。南极夏天虽热（近日点），使冰帽挥发，但时间短，冰帽并不能达到朝南极方向全面退缩为零的境地，留下的面积仍然清晰可见（图 6-7）。

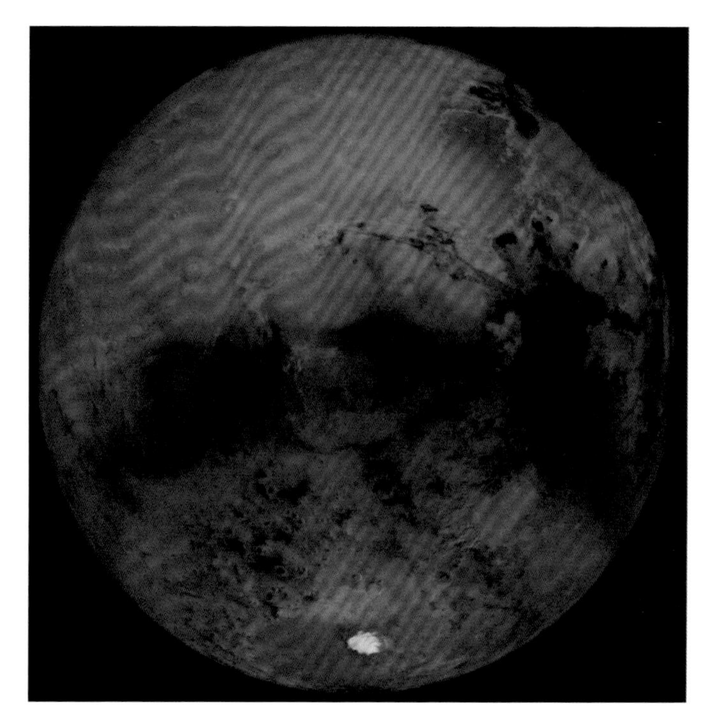

图 6-7　火星南极冰帽在盛夏时仍清晰可见，照片上半部现出水手号谷和塔西斯高地的四个火山口（Credit：NASA/JPL）

南极在冬天时巨大的冰帽，用地球的望远镜就能清楚看见（请见图 2-8）。二三百年前的天文学家卡西尼和赫歇耳，已经利用南极冰帽的位置与它周期性的兴衰，决定了火星自转轴的倾角和四季的存在。

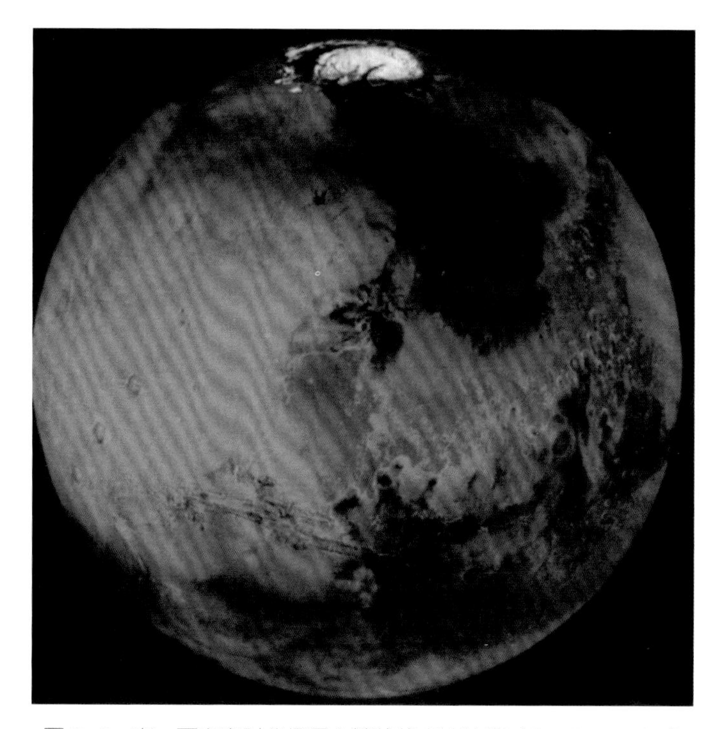

图6-8　春、夏之交时北极星心锁状的水冰冰帽（Credit：NASA）

地球季节的变化，对生物的生存演化，关系重大。大雁南飞、熊蛇冬眠，以本能抗寒。人类仰观天象，发明历法，春种秋收，贮粮过冬。所以，季节的存在加速了生物的演化和人类文明的发展。

发现火星季节的变化，曾给人们带来火星有居民的幻想。这个梦目前是破灭了，但人类寻找火星生命的想法，仍然热情如昔。

比较起来，北极的冬天短（南极夏天，近日点），温度也较高，冰帽延伸的面积不如南极广大。而北极夏天长（南极冬天，远日点），虽然温度不如南极的夏天高，但有足够时间使整个二氧化碳冰帽完全挥发，只剩下沸点较高的水冰。图 6-8 是“海盗一号”轨道卫星在 1980 年火星北半球春、夏之交时拍到的一张照片。北极二氧化碳冰帽已近挥发殆尽，只剩下永不消失心锁状的水冰冰帽。在这张照片中，可再次看到规模宏大的水手号谷、塔西斯高地、四个巨大的火山口与大片黑色的地表。

1997 年 3 月 30 日（“冲” 后 13 天），哈勃太空望远镜从地球轨道拍摄到一张近乎相同角度的照片（图 6–9）。火星此时远在 1 亿千米之外，但 “哈勃” 以其能看到宇宙尽头 “上帝的手”[①] 的神眼，看地球 “后花园” 太阳系的景色游刃有余。这的确是一张清楚得出奇的留影，火星正值春、夏之交，北极冰帽结构与 1980 年 “海盗一号” 轨道卫星拍摄的照片（图 6–8）雷同，各类地表特征也清晰可见，与图 2–5 “哈勃” 复修前拍摄的照片比较，不啻天壤之别。

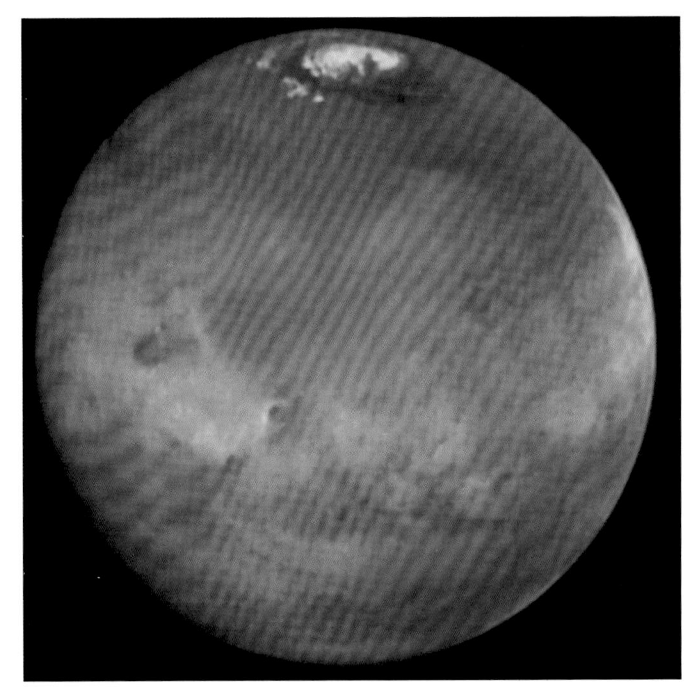

图 6–9　哈勃太空望远镜在火星春夏之交从地球拍摄到的火星照片（Credit：NASA）

① 上帝在大霹雳时创造宇宙，距今已有 138 亿年。所以，“上帝创世记的手” 已在 138 亿光年外、宇宙的尽头。

在 20 世纪 70 年代，“水手九号”和“海盗号”轨道卫星都先后发现两极冰帽呈多层次（layered）结构。1978 年 3 月“海盗二号”轨道卫星的北极照片，核心冰帽重重叠叠，近二三十层，在宏观上展现了这种细致的景色，像一块瑰丽的“心锁”。“海盗二号”的轨道卫星又在西经 340.8 度处，取得一块约 40 千米见方的单层次的照片，编号 560B60，进行高精度观测，发现在单层中又似含有更细的层次（图 6-10）。

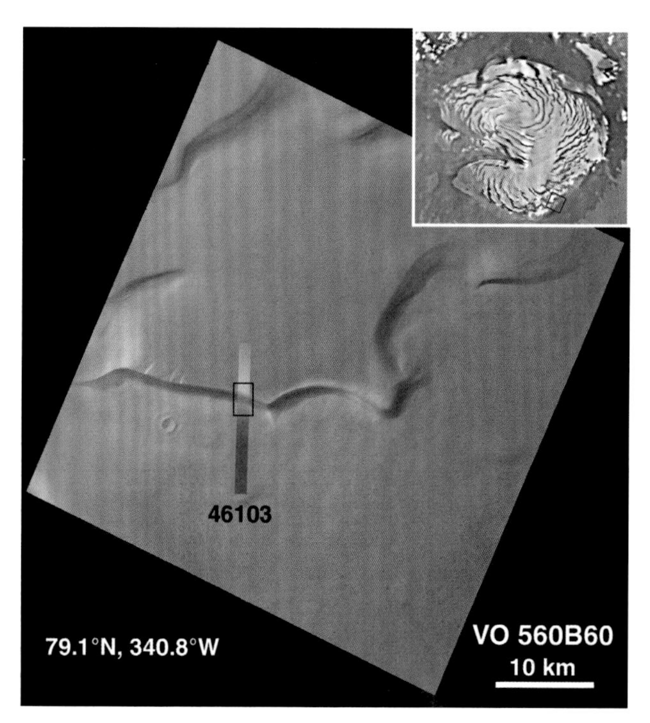

图 6-10 “海盗二号”轨道卫星的北极照片（Credit：Malin Space Science Systems/NASA）

20 年后，“火星全球勘测卫星”在这张照片中取下一条宽仅 2500 米的窄带，编号 46103，进行更高精度的分析，结果发现细层次的数目竟可达数十层，层厚由数十米到上百米不等，平均厚度数十米（图 6-11）。

图 6-11 “火星全球勘测卫星”对图 6-10 进行更高精度的分析，结果可用来估计火星过去气候的变化（Credit：Malin Space Science Systems/NASA）

火星南极亦然，不再详述。地球并无这类大规模的地质结构。

目前，科学家认为这些井然有序的层次结构可能是由灰尘和冰交叠而成的，可与地球树木的“年轮”类比——干旱时，树轮薄；雨水丰盛时，树轮厚。由树轮的厚薄，我们能估计出地球区域气候的变化。树轮是大自然的气候记录。

火星可能因为自转轴大幅度的变化，造成干、湿气候循环。干燥时尘暴不息，可达万年之久。堆积在南北两极的灰尘，后因潮湿期的来临，被一层冰盖住，就保存下来。据估计，位于火星南北两极的“树轮”，每 10 米厚度需 200 000 年堆积，每年约略堆积一根头发的厚度，与电脑模拟下的火星气候循环周期相近。编号 46103 的冰层，可能需数百万年，才能形成。

在地球，我们也用南极洲的冰层和各处地层的结构，来理解地球过去气候和地质的变迁。对火星气候的历史，我们的数据极为贫乏，甚至一无所有。火星两极细层次结构的发现，给人类第一个可以检验的自然气候记录。

1999 年，美国送出“火星极地登陆者号”，企图在火星南极地表 1 米内的细层次结构中采得样品，开始对火星过去几万年间的气候演变做有系统的研究。虽然这次执行任务失败了，但作者认为只是一次小挫折。找出事故原因后，我们会再出发，完成这个重要的探测任务。

纪念陨石坑

火星三分之二的地表被陨石坑覆盖，这些陨石坑大多形态鲜明，还保留着 38 亿年前陨石风暴的遗迹，告诉人类在这么一段漫长的日子里，它们在原地没动。这个图像带着一个重要的信息，就是：火星没有板块运动。不像地球，38 亿年前的海洋地壳，早已被地心工厂回收、加工，以新产品再上市，所有考古证据也连带着一起烟消云散。火星陨石坑给人类提供了新的科研契机。

火星陨石坑以对火星有贡献的科学家和一些著名的科学家命名。这本书提到的托勒密和在他以后的天文学家，几乎在火星上都有纪念陨石坑，作者再次列出他们的姓氏和陨石坑的坐标，以表示对这些人的敬意。英文字母 S 和 N，代表南、北纬度，赤道为 0 度，南极为 S90，火星只有西经，以 W 为代号，在 0 度至 360 度之间。例如开普勒陨石坑在南纬 46 度，西经 220 度，以“开普勒（Kepler，S46/W220）”表示。

此外还有：

伽利略（Galileo，N5/W27）

伽勒（Galle，S51/W31）

马拉迪（Maraldi，S63/W32）

房塔纳（Fontana，S65/W73）

洛韦尔（Lowell，S52/W85）

牛顿（Newton，S40/W157）

托勒密（Ptolemy，S46/W158）

哥白尼（Copernicus，S50/W170）

第谷（Tycho，S48/W215）

开普勒（Kepler，S46/W220）

赫歇耳（Herschel，S15/W229）

惠更斯（Huygens，S14/W304）

卡西尼（Cassini，N23/W327）

勒威耶（La Vieerier，S40/W340）

夏帕雷利（Schiaparelli，S3/W343）

……

在火星上作者没找到发现火星两个卫星的霍尔（Hall），爱因斯坦也告缺。

历史上一些赫赫有名的科学家，纷纷上榜：

居里（Curie，N29/W6）

达尔文（Darwin，S57/W23）

达·芬奇（da Vinci，N2/W40）

虎克（Hooke，S45/W45）

卡门（von Karman，S63/W60）

孟德尔（Mendel，S59/W200）

赫胥黎（Huxley，S63/W262）

罗素（Russell，S55/W351）

……

探险家哥伦布（Columbus，S29/W165）也上了榜。还有，至少6位以上的俄罗斯科学家也上榜。赫歇耳同年代人施罗特（Schroeter，S3/W304.）对火星多有贡献，但作者在这本书中没提到他，主要原因是他的观测与别人重复，作者没再细表。

中国西汉末年的刘歆（Liu Xin，西汉，50BCE-23，S53/W172）和后汉的李梵（Li Fan，东汉，生卒年不详，S47/W152）也拥有陨石坑，是作者在榜上能找到的仅有的两位中国人，他们生活的年代距今已有2000年了。

半球图

美国地质观测所运用"海盗号"轨道卫星摄得的照片，各用100多张镶嵌成4幅以点透视法（point perspective）表现的火星半球图，相当于从距离火星地表2000多千米的太空看到的景观。

第一幅火星半球图是前文提到的图6-4，通称为"水手号谷半球"，水手号谷中央坐标为S8/W75。除开抢眼的水手号谷和巨大的火山口外，图上由南向北还有一条长达4000多千米的凯西谷，构成塔西斯高地的东缘，犹如地球的长江大河，清晰可见，是火星上最大的一条干涸河道。这是一张最出名的火星半球图。

在水手号谷半球之西为色伯拉斯半球（Cerberus hemisphere，图6-12），中央坐标为N12/W189。图左有一片黑色的色伯拉斯地盘，其左上方为一大片淡薄的白云，火星上第二组艾里申火山群（Elysium Mons）的三个火山口在云层边缘，北南分布，清晰可见。图中偏右有一个略呈南北走向的坑谷，最顶端的陨石坑名"彼的特"（Pettit）。图的右上角为亚马孙平原（Amazonis Planitia），其西南方，可能是一大片流沙区，细沙深达数米，宇宙飞船或人在此登陆，有没顶之虞。

图 6–12　色伯拉斯半球（Credit：NASA/USGS）

再往西走，就到了著名的色蒂斯大平原半球，中央坐标为 S2/W305（图 6–13），正上方淡色区域为阿拉伯地盘（Arabia Terra），右边一大片南北分布的黑色地表为色蒂斯大平原，是地面望远镜最容易看见的地标。色蒂斯大平原东北方为伊西底斯平原（Isidis Planitia），正下方为南极刚入冬时的冰帽。南极上方为惠更斯陨石坑（Huygens，S14/W304），极目向西，近正左边缘，为夏帕雷利陨石坑（Schiaparell，S3/W343）。

夏帕雷利半球的中央坐标为 S5/W340（图 6–14），图中央偏左为夏帕雷利陨石坑，右下角为南极，已进入隆冬，许多陨石坑已被白色的二氧化碳干冰填满。左上方及中央偏下黑带中的众陨石坑中都有黑色灰烬，肯定是由尘暴吹进去的。

图 6-13　色蒂斯大平原半球（Credit：NASA/USGS）

图 6-14　夏帕雷利半球（Cedit：NASA/USGS）

地势图

火星地表经过30多年的探测，由初期“死的行星”，到目前成为充满玄机的地质结构，代表人类20世纪科技的成就（图6-15）。火星上最显眼的是水手号谷，在图6-15的中央偏左，向东北方向望去是色蒂斯大平原，向西北方向望去是奥林帕斯和塔西斯高地上的巨大火山群。色蒂斯大平原的右方是乌托邦平原，左方是阿拉伯地盘。乌托邦平原的东方是火星上第二组火山群，以艾里申火山群为首，乌托邦平原的东北，是“海盗二号”的降落地点。

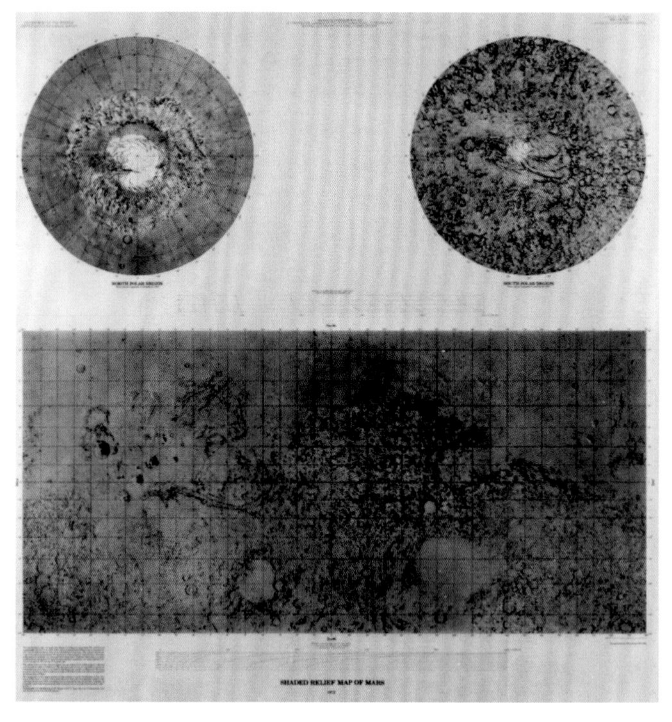

图6-15 火星地势图。上面两个圆形图分别为火星南（右）、北（左）两极的投影（Credit：NASA/USGS）

南、北两极有闪亮的冰帽，随着四季的变化而消长。南半球满布陨石坑，地势高，似乎还维持着40多亿年前陨石风暴时的地貌，但幅员辽阔的洼地，即右下方的赫拉斯盆地和中央偏左下的阿吉尔盆地（Argyre Basin），像两个被巨大陨石撞击出来的古海荒漠，耐人寻味。

从图右方向左移动，清晰可见的陨石坑联结着人类杰出的名字：开普勒、赫歇耳、惠更斯、卡西尼、夏帕雷利、伽勒、哥白尼等。

水手号谷正北略偏右是金色平原，为一片广大的洪水冲积地，也是“海盗一号”和“火星探路者号”的登陆地点。

红色星球水的历史，牵连着人类对火星的情结。

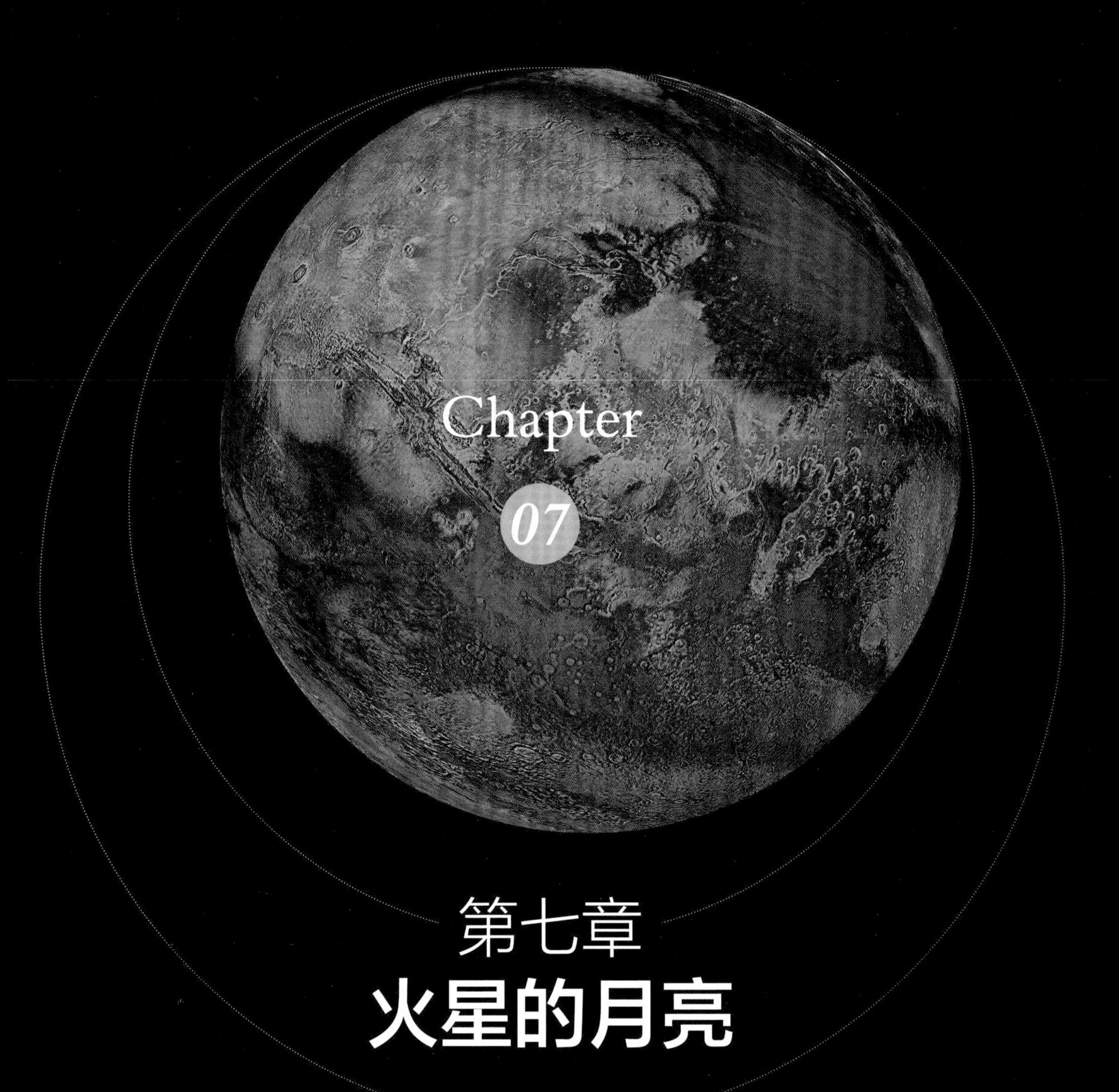

第七章 火星的月亮

发现

伽利略在1610年使用新发明的望远镜，首次看到了木星有4个卫星，直接证明天体不一定都要绕着地球转。

伽利略的同代人开普勒是个虔诚的基督徒，深信上帝的宇宙是和谐的：水星、金星没有卫星，地球有1个月亮，木星有4个卫星（到2020年为止发现的木星卫星数为79），火星在地球和木星之间，应有两个，正好应验完美的1、2、4几何级数。

火星有两个卫星，顶多是开普勒一厢情愿的看法，但以他当时在科学界举足轻重的地位，的确引起了一阵骚动。很快，这两颗卫星开始在科幻小说中出现。

1727年，斯威夫特（Johnathan Swift，1667–1745）著的《拉普他之旅》（*Voyage to Laputa*）小说中的天文学家就发现了火星的两颗卫星，公转周期分别为10小时和21.5小时，与现代数值7.66小时和30.35小时相差不远。这虽然又是个巧合，但可看出人类对它们梦寐以求的情怀。

开普勒之后，天文学家苦苦寻求未果，1783年大“冲”时，赫歇尔又做了一次热情的冲刺，无功而返。寻找火星卫星之事，就没人肯花时间、精力再碰。

1877年大“冲”期间，夏帕雷利看到了火星上的“自然河道”，又重新点燃了美国天文学家霍尔寻找火星卫星的热情。霍尔在美国海军天文台工作，他使用刚落成、当时世界最先进的66厘米折射式望远镜，从8月初开始瞄准火星邻近天域，到8月11日，在火星的东边略偏北区，第一次看到了一个微弱的光点，但仅是惊鸿一瞥，云就盖了过来。他耐心等候了5天，天晴后，再次看到同样的光点。当晚，又观察到紧贴在火星边上的另一颗比较明亮的卫星。经过霍尔几位同事复验两天，海军天文台于8月18日公布了火星两个卫星的发现。

命名

霍尔继承火星与战争的不解之缘，以战神阿瑞斯的两个仆人，佛伯斯（代表畏惧）和底马士（代表惊慌），为这两个新发现的天体命了名。后来天文界也以霍尔和一直鼓励他追寻火星卫星的妻子斯蒂克妮（Stickney），为佛伯斯（火卫一）上两个最大的陨石坑命名。史蒂克妮陨石坑直径 10 千米，几乎占了佛伯斯 1/3 横切面。上面提到的科幻小说家斯威夫特，也在底马士（火卫二）陨石坑的名字中出现。

中文世界称佛伯斯为火星卫星一号，简称火卫一，底马士为火卫二。这种命名方法简单、易记，尤其是用在卫星众多的木、土、天王、海王等行星上，殊为优越，如木卫一到木卫十六，土卫一到土卫十八等，一字排开，不必花脑筋去记那些单独名字。简单虽简单，但总好像有点为小孩取名为老大、老二……老九等，无法表现出每个小孩子的单独性，也充分表现出这些小孩像是捡来的，爱的踪迹杳然，亲生父母一般不会采用这种冷漠偷懒的命名方式。

火卫一因为公转速度快，从火星地面看火卫一，它由西方升起，亮度为月亮的 2/3，在 4 小时 15 分钟内，迅速划过火星的夜空，消失在东方地平之下。火卫二的亮度是火卫一的 1/40，像地球夜空中的织女星一样明亮，但由东方升起，虽然绕火星公转期只有 30.35 小时，可是火星也跟着它同方向自转，65 个小时后，才从西方落下。

人类花了近 250 年，才找到这两颗小卫星。火卫难寻，原因有三。第一，它们太小。大的火卫一长 28 千米、宽 22 千米、高 18 千米，小的火卫二长 16 千米、宽 12 千米、高 12 千米。第二，它们的反照率（albedo，物体表面对光的反射程度）极差，与黑色的煤块相似，约 0.06。相比起来，火星的反照率在 0.1 ~ 0.4 之间：在明亮物体的旁边，很难看到暗的东西。第三，它们相对于火星的位置不明。现在知道大的火卫一距火星 9378 千米，小的火卫二距离火星 23 459 千米。

坠落

美国海军天文台对两个火卫有一种发现者的占有欲望，拨出大量的观测时间，用望远镜对这两个微小天体进行了长期的追踪观测，发现火卫一有速度增加、向火星逐渐坠落的倾向。

在考虑卫星轨道的稳定性时，通常以洛希极限（Roche Limit）为准。如果卫星轨道离行星太近，落在洛希极限之内，重力场在空间分布的强度太不均匀了，就会产生强烈的“重力潮”（gravity tide）。这种力量，使地球的海洋每天有两次潮汐周期，如果作用在体积够大的卫星上，卫星就好像被两股相反的力量朝两头拉，“咔嚓”一下，就成两半。有时两半成四块，四成八，八成十六，等等。换言之，在洛希极限之内，卫星的原始材料无法凝聚，会被蹂躏得“柔肠寸断”，土星环就是在这种情况下形成的。

环绕地球转的人造卫星，即使没有微小的大气阻力作祟，到最后终归会向地球坠毁，主要原因就是距地球近，落在洛希极限之内，作用在人造卫星上的力量，在“近”地球方向比“远”地球方向大，结果就有一股朝地球拉的力量，逐渐使人造卫星的速度加快、轨道变低，最后坠毁。

一般稳定的卫星，轨道远在洛希极限之外，要不然无法维持几十亿年围绕行星公转的状态。现在发现火卫一竟然已经进入洛希极限之内，令人费解。

火星人太空站

在 20 世纪 60 年代，苏联天文学家什克洛夫斯基（Shklovskii），仔细研究了太阳电磁波和各类高速粒子对火卫一产生的压力，与火星微弱的磁场与巨大的太阳磁场中间的交互作用，认为这些效果都微不足道，无法产生观测到的火卫一向火星坠落的现象。剩下最后一个因素就可能是火星的大气阻力。一个行星在几近真空的太空中运行，大气被重力吸住，但大气层和真空并没有一个明确的分界线。在外层的大气分子，从理论上来讲，是向太空无限延伸出去的。虽然在数千或上万千米外，只能测量到极微量的大气气体，少归少，但绝对不是零。

当时只知道火星有大气，成分与厚度一概不知。火卫一离火星 9378 千米，如果是轨道上微量的大气阻力造成火卫一因坠落而加速，则火卫一的密度必定很小——如要产生与观测数据吻合的效果，只能是水的 1/1000。自然天体都是石块铁镍一类成分，没有那么轻的，除非是中空的。

自然界也没有中空的天体。如果有，肯定是人造的。另外，有人辩论，两个卫星为什么在 1783 年到 1877 年间看不到？肯定是科技先进的“火星人”，在 1877 年前后才“发射”上去的。于是，火卫一是火星人太空站的看法，在争吵不休中登场。

什克洛夫斯基的理论无懈可击，美国海军天文台的数据也正确，就近观察火卫一就被提到日程上。“水手九号”进入火星轨道后，火星全球尘暴，在 1971 年 11 月 30 日“冬眠”等待期间，“水手九号”把镜头对准火卫一，照下第一张近距离相片，清楚地显现出火卫一是一块石头。美国天文学家萨根形容它像是一个畸形的马铃薯（a diseased potato）。火星“太空站”论点不攻自破。

后来“海盗一号”的轨道卫星在 1978 年 10 月 19 日，距火卫一 612 千米处取得了更清晰的照片（图 7–1），稍前，也在 3300 千米处记录下火卫二的形象（图 7–2）。

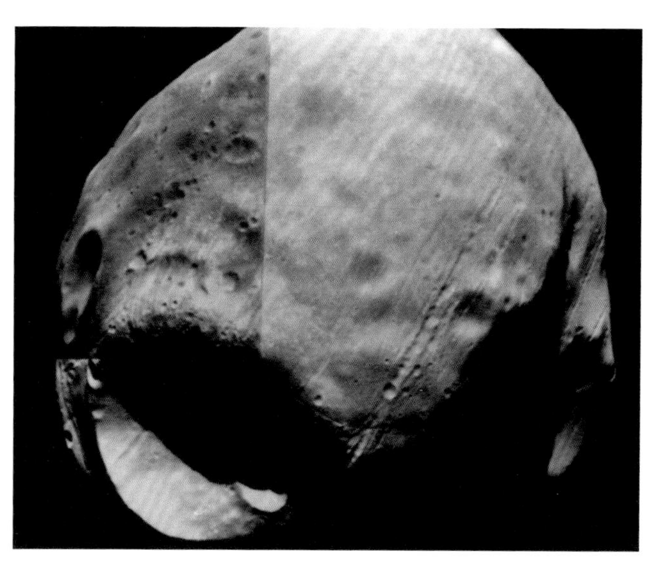

图 7-1 “海盗一号”轨道卫星在 612 千米外看火卫一，其上最大的陨石坑以霍尔的妻子斯蒂克妮命名，直径约 10 千米（Credit：NASA）

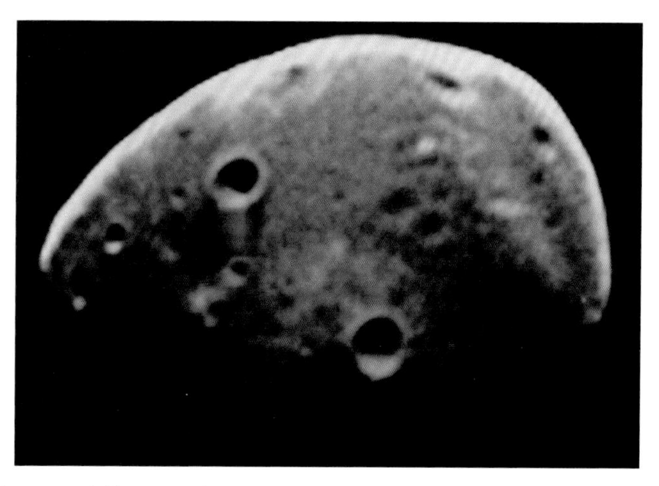

图 7-2 “海盗一号”轨道卫星在 3 300 千米外看火卫二（Credit：NASA）

1989 年 3 月，苏联的“佛伯斯二号”（Phobos II）以 9378 千米外的火星为背景，在 320 千米处照了一张珍贵的火卫一肖像（图 7-3）。这是本书唯一的一张苏联拍摄的有关火星的照片，编号是2300093。“佛伯斯号”系列任务是苏联、保加利亚和前民主德国合作的探测计划。“佛伯斯二号”取得40余张火卫一和火星照片，后来在企图接近火卫一登陆时失踪。1998年1月1日，美国“火星全球勘测卫星”拍下一张分辨率更高的火卫一照片（图7-4）。

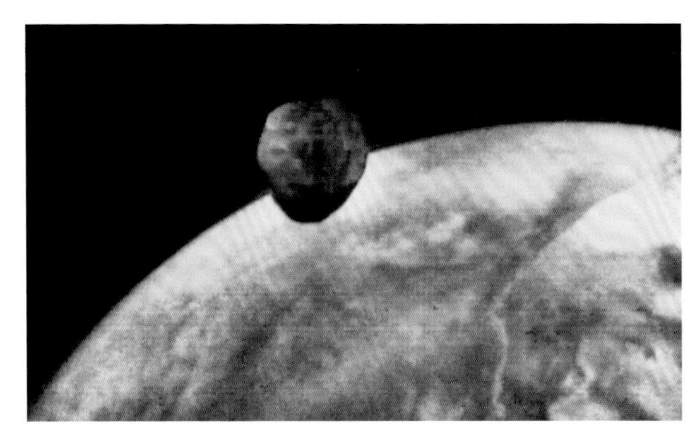

图7-3　苏联的“佛伯斯二号”照了一张珍贵的火卫一的肖像（Credit：NASA/Russian Space Agency）

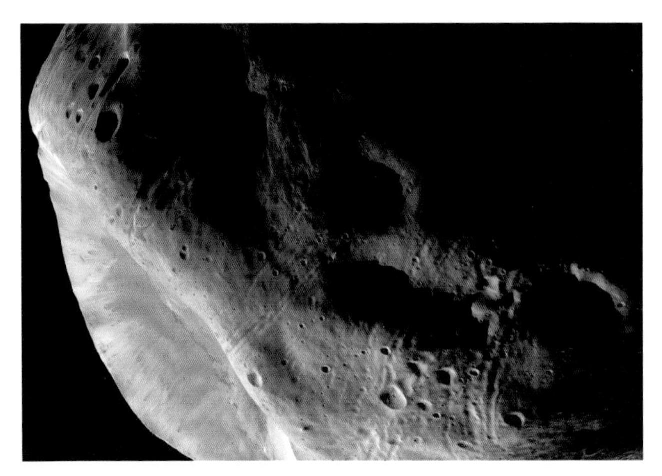

图7-4　“火星全球勘测卫星”摄得的一张高分辨率的火卫一照片（Credit：Malin Space Science Systems/NASA）

在火星质量高度集中、火山群集的塔西斯高地被发现后，火卫一向火星坠落的真相大白：火卫一每经过塔西斯高地一次，都会因重力潮增加，使它向火星方向轻微移动些许，估计它将会在 1 亿年内撞上火星坠毁。

小行星

行星的自然卫星，一般轨道稳定，很少会栽下去的。尤其是与母行星同步形成的卫星，至少已有 40 多亿年的历史。要栽老早就栽了，不会等到我们科技发展成熟，能看到它后，才栽。

但火卫一为什么会在这么一个奇怪的轨道上呢？它是跟火星一起形成的吗？是与否，可由火卫一的比重来决定——是，比重要跟火星一样，为 4.0；否，如果是一般铁镍陨石，比重要比 5.0 大；如果是从小行星带来的，以含水分高的碳质球粒陨石（carbonaceous chondrite）为主，比重应低于 3.0。

“海盗一号”轨道卫星于是又担负起测量火卫一比重的任务。“海盗一号”轨道卫星的轨迹在接近火卫一时，会发生轻微变化，由此可推算出火卫一的比重。遥测结果，火卫一的比重是 2.0。

碳质球粒陨石含有各类不同成分，一般比重在 2.3 至 3.0 之间。若主要成分为含水量高的蛇纹石［serpentine，$Mg_3Si_2O_5(OH)_4$］，比重可低至 2.3，若为含碳酸盐类的矿物质如方解石（calcite）等，比重则接近 2.7。现在火卫一的比重竟然只有 2.0，轻得令人难以置信。合理的推测，火卫一可能充满气泡，好似露营时被篝火烤过的棉花软糖（marshmallow）或像中国的发面馒头。

我们由此得出的结论是：火卫一的成分与火星材料无关，与小行星带的众小行星较为接近，可能是含水分高的碳质球粒陨石。

这是一个说得过去的结果：火卫一是在火星形成很久之后，才捕捉到的一颗小行星。

但这个发现，却带来更奇怪的问题：陨石可由四面八方全方位来，速度快，最可能的轨道种类是大椭圆形，轨道平面与火星赤道面不应有任何关联，怎么就这么巧，火卫一轨道不但是圆形，还正好在火星的赤道平面上？火卫二虽远些，轨道也是圆形的，并且也在赤道平面上。这是一个神秘的现象，目前无解。

火卫二的轨道，与火卫一恰巧相反，有逐渐脱离火星的趋势。几亿年后，火卫一陨落火星，火卫二则冲破火星束缚，重获自由，再度漫游星宇，寻找另一个归宿。这和月球逐渐脱离地球同出一辙。

火卫一与火卫二上陨石坑累累，大都边缘鲜明，侵蚀现象微弱，保存了大部分 38 亿年前陨石风暴密度的记录。有些腐蚀痕迹，可能由于太阳风的粒子撞击导致。

“水手九号”还发现火卫一上有一层薄薄的灰烬，成因很难解释。火卫一重力场太弱，怎能吸住这些灰尘呢？

有些专家认为，这种情况犹如棒球快速地从一个充满灰尘的区域通过，棒球表面多少也会沾上些许灰尘。久远以前，陨石碰撞火星频繁，扬起大量灰尘，有些可能逃逸火星地表数千千米以外，甚或笼罩住火卫一轨道。火卫一由中穿过，灰尘就在表面叠积下来。火卫一灰尘现象，各类解释，都很曲折复杂，一时尚无定论。

目前人类不知这两颗火卫的成因。但这并不稀奇。地球、月亮形成的原因，目前也尚无定论。以前认为月亮与地球在 45 亿年前同时形成。人类登月后，发现月亮的成分有的地方与地球一样，有的地方与地球不同，并且内核很小。修正后的理论认为，地球在 45 亿年前与一个火星大小的天体斜撞，部分地壳被带到太空，与原撞体在月球轨道凝聚而成月球。

月球对地球质量的比例，在太阳系卫星对行星质量比例的排行榜上占第一位，有平衡地球自转轴的作用，给地球生物一个长期稳定的温度环境，对地球生命的起源和演化贡献巨大。相比起来，火星的两个月亮质量太小，达不到发挥平衡火星自转轴的作用。火星自转轴每 50 万年会有 60 度的变化，造成温度大幅度涨落，对生命起源、演化不利。

生命陨石

含水分高的碳质球粒陨石，常含有简单的氨基酸。1969 年坠落在澳大利亚维多利亚州的墨其森（Murchison）陨石就是一个著名的例子。反对陨石含氨基酸看法的人认为地球感染可能性大。但经分析结果，墨其森陨石中所含的氨基酸结构，左旋、右旋偏光反应各半。而地球生命氨基酸全为左旋偏光，结论是墨其森陨石的氨基酸，在进入地球前就已自然形成。

小行星的成分一般为含水分高的碳质球粒陨石，也应有氨基酸存在。氨基酸可能是地球生命起源的素材，人类渴望去小行星带寻找氨基酸，但众小行星分布在火星和木星之间，登陆探测，遥不可及。现在，火卫一原来极可能是一颗含氨基酸的小行星，锁定在地球近邻火星的轨道上，人类在未来几十年内就可能有能力去拜访，这真是个令人振奋的发现。

1943 年，法国科幻小说家圣艾修伯里（Antoine de Saint-Exupery，1900–1944）以小行星带（见第16页注）为背景，写出了童话故事《小王子》（*Little Prince*），脍炙人口，历久不衰。小王子住在小行星 B-612 上。B-612 有三个火山口，两活一死。他用两个活火山煮早餐。他在 B-612 上种花。在出门到别的小行星拜访旅游时，他就把花用玻璃盖罩住。小王子后来乘“阿波罗”轨道[①]上的小行星，来到地球访问。地球引力太大，他回不了家，

① 有些小行星带上的小行星，运转在一个与地球轨道相交的阿波罗轨道上，几千万年可能会与地球相撞一次，造成地球物种大量灭绝，也刺激新的物种出现。6500 万年前的白垩纪（Cretaceous Period）和第三纪（Tertiary Period）交替期中，一颗直径约 10 千米的陨石撞击地球，落在目前墨西哥的犹加敦半岛（Yucatan Peninsula），造成恐龙绝种。这颗陨石，很可能是阿波罗轨道上的小行星。《小王子》书中并没有提到阿波罗轨道，那是作者为小王子提供的来访地球的高速公路。

只得央求蟒蛇把他吞下消化，解放出他的灵躯，才得以再回到他那梦魂萦绕的故乡——小行星 B-612。

当人类的航天员去访问火卫一时，他（她）会发现，与小王子在地球访问的经验正相反，火卫一引力微小，登陆、脱离不需太多火箭燃料，甚至振臂奋力一丢，像大力神一样，就可使一块小石子达到脱离速度，一去不返。他（她）又发现，火卫一自然资源丰富，可能有 20% 的结晶水，又有大量的碳和氧原料，可就地取材（in-situ resources utilization，ISRU），提炼成水、氢、碳、氧。碳和氧可制造一氧化碳，氢和碳可合成甲烷，以供在火星地面探测和返回地球所需的燃料。

火星和火卫一对人类航天员的待遇，要比地球给小王子的待遇好得多。所以，火卫一可以作为人类登陆火星的中途观测所和加油补给站。去火星的宇宙飞船只需携带单程燃料和部分给养，回程所需可在火卫一就地取材。这有助于人类“往返火星”之旅的策略思维。

当然，航天员不会忘记从火卫一带回一块含氨基酸的生命陨石。说不定，地球的生命就是从那里起源的呢？！

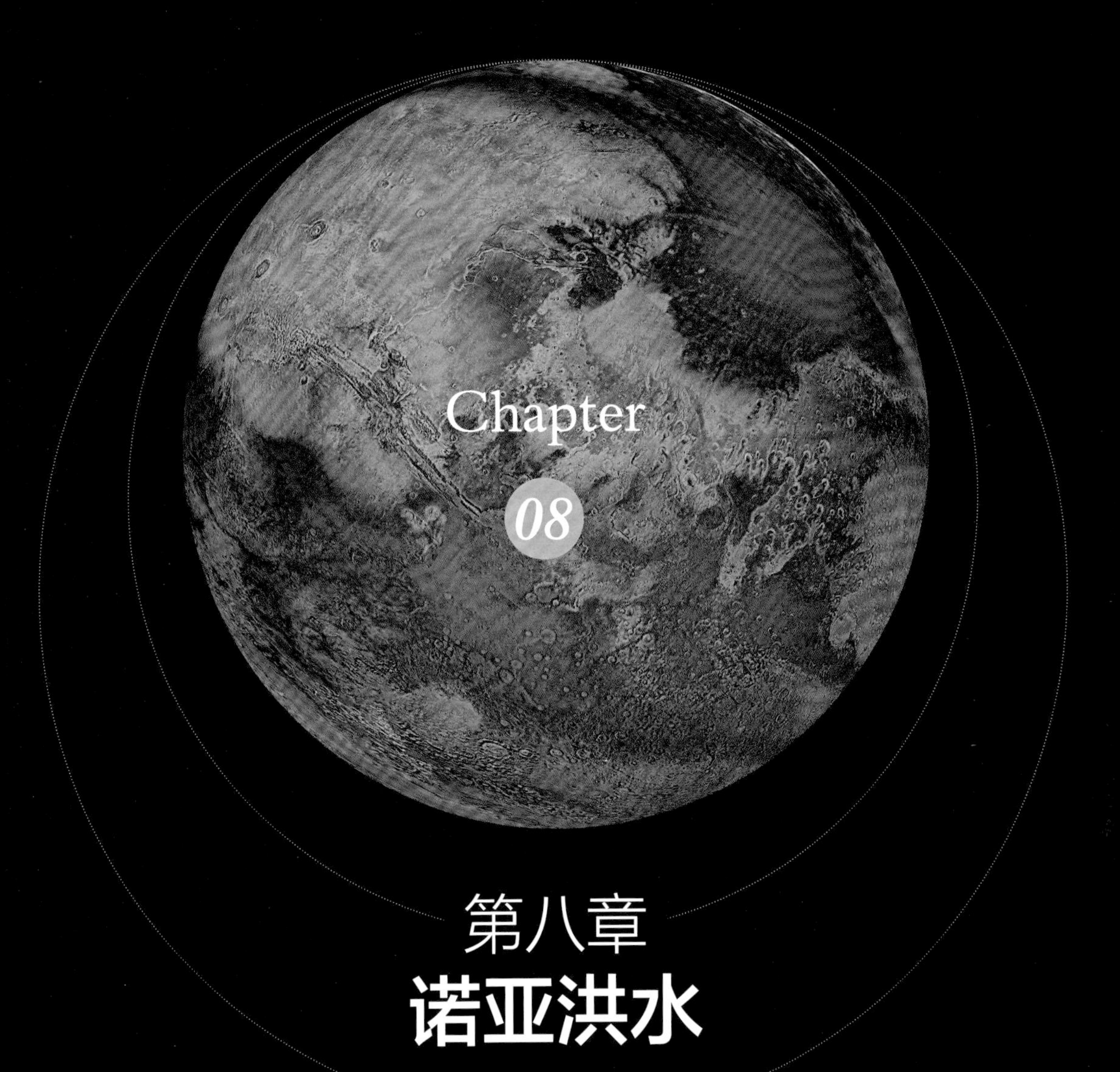

Chapter 08

第八章 诺亚洪水

最近考古学家发现，15 000 年前，地中海地区温度上升，附近冰河融化，注入地中海。地中海水位节节拔高，7400 年后，终于破堤而出，每天以 200 倍于尼加拉瓜瀑布的水量，往黑海灌注了两年。黑海面积倍增，深度也由 200 米增到 2500 米。

这场巨大的洪水，发生在人类有文字记载能力以前，肯定在流离失所的难民中，留下了无法磨灭的印象，世代口述，相传了好几千年。合理的推测，后来很可能成为《圣经》“创世记”中“诺亚洪水”（Noachian flood）的原始素材。

上帝要用诺亚洪水，杀尽所有罪恶的人类，并交予诺亚权柄，重新建立洪水后的世界新秩序。于是《圣经》就把这场局限于黑海区域性的洪水，扩张到覆盖整个地球。西方科学文化从此就用诺亚洪水来形容全球性巨大的洪水灾难。

“水手九号”最大的成就，就是看到火星上许多规模巨大的自然“泄洪道”（outflow channels）和“混乱地形”遗迹。估计，造成这类地形所需的洪水量，可能达到地球诺亚洪水级的 100 倍。所以，用地球有史以来最高级的形容词来描述火星上曾经发生过的洪水力度还不够。

行星水，天上来

46 亿年前，太阳系混沌初开时，火星和地球一样，在各自的轨道上，由细微的星云材料开始，逐渐凝结成初具规模的原始小行星。

在一个轨道上的小行星数目能有数十个。小行星因碰撞聚合到一定大小后，地心引力增大，各小行星间碰撞产生的热量，足以使含在固体中的气体挥发，在地心引力的控制下，形成包围在继续成长的中小行星初期的大气。水是这个胚胎大气中最主要的成分。水汽大气形成后，成为一个绝热的屏障。而星球间的碰撞仍然频繁，继续带来水分，由于产生的热量散不出去，原始行星表面的温度开始上升。

据估计，在地球长到目前体积的1%时，水汽大气形成；地球长到目前体积的7%时，闷住的热能已足以使地表熔化，成为液体。水汽大气持续增加，到100大气压时，可与熔化的地表形成一个平衡状态。

换言之，碰撞持续，水由新加入的碰撞天体不断带进来，原始行星继续成长，水汽继续向大气灌注，如果超过了100大气压，水汽就往熔化的地表里渗透，越渗越深。

最后，地球长到目前大小，碰撞材料用尽。由于碰撞不再，温度开始下降，地表凝固，水汽凝结成水，形成了海洋和大量的地下水[①]。

目前理论认为，火星在成长过程中，水汽的温度在没能达到熔化地表的程度前，就开始退烧，只形成了地表上的海洋。地下水的源头，则由碰撞后钻入地下的材料供给。深埋地下、体积庞大的含水岩块，呈点状散布，与地球经由渗透步骤而得均匀分布的结果不同。

但火星离太阳较远，比较接近气体木星的轨道，其原始材料的含水量应比地球高。

火星成形后，总含水量的百分比也应不亚于地球，甚或可能远高于地球。

太阳系的八大行星定位后，没用完的星云材料凝聚成许多以冰为主体的彗星，被排斥在八大行星以外的奥尔特云（Oort cloud）区的太阳系“乱葬岗”。偶尔，在遥远轨道上的彗星，受到过路天体的骚扰而换轨，开始向太阳坠落，划痕于地球的夜空，神秘、美丽。有时，彗星与小陨石碰撞，小冰渣钻进陨石，乘坐陨石列车，下凡人间。

1999年3月，有块小陨石坠落在美国得克萨斯州居民的车道上。美国国家航空航天局即刻检验，首次发现陨石中竟含有一汪汪蓝色晶莹的石盐水。这直接证明了盘古开天辟地时，行星水，天上来。

---

① 有的理论认为，地球距太阳太近，水汽不会凝结，地球的水是在地壳凝固后，才由彗星碰撞引进的。“行星水，天上来”是一个被普遍接受的观点。

大失水

火星是距离太阳最远的石质行星。火星外邻，为巨大的气体行星。因为火星这个位置特殊，它所继承的先天材料可能与地球略有不同。构成火星的原始材料，可能含挥发性气体（主要是水）的比例，比地球高出许多。成形后，凝结在全部火星地表的海洋深度，最高估计，平均可达 100 000 米，地下水源也极丰富。

相比之下，地球海洋平均深度为 5000 米，所以，火星海洋曾比地球深 20 倍。

火星形成后，主要的蓄水库和地球一样，是海洋、地壳和大气。但火星水的故事，与地球相同之处，至此结束。从这点起，火星与地球开始分道扬镳，各奔前程。

初生火星在大量地热的催动下，地心材料开始分化（differentiation），重金属类如铁等，向地心沉积，轻的物质如二氧化碳、水等，向地表方向浮离。在分化的过程中，水和炽热的铁浆反应，形成氧化铁和气态氢，并耗掉大量水分。大量氢气透过地壳，进入大气，因为最轻，一直蹿升到外大气层，在初生太阳生猛的紫外线照射下，取得足够能量，达到脱离火星的速度，一去不复返。

众多逃离的氢原子汇合成一股巨大的朝火星外喷射的气流，同时以气体的黏滞力，拖走其他大气中的重量级气体如氮、氩等，造成集体流力逃亡潮（hydrodynamic escape）。同时，幼年期的火星，火山活动频繁、活跃，从地心喷出大量气体进入大气，也加入了流力逃亡的行列。

在太阳系行星形成后，陨石风暴前后延续了 7 亿年。陨石通常含有丰富的水分。每次陨石碰撞火星，都会带来大量的水，并使一些海洋的水汽化，进入大气，连带激起一股高速反弹气流，带动大气逃亡火星。有时陨石以切线方向射入大气，不需落地，就挖走了一大片天。

更厉害的是陨石以接近切线的角度，撞上火星。火星像是在胃部被重重挨上一拳，向外层空间做抽搐性疯狂大呕吐。专家称这种由陨石碰撞而造成的行星损耗现象，为碰撞侵蚀（impact erosion）。在那陨石如雨的年代，火星的大天灾是失水。

虽然我们目前还不理解火星在第一个 7 亿年中的气候概况，但以陨石碰撞的频繁、紫外线和地热丰富的程度推测，火星极可能是一个温暖潮湿的世界。同时，与陨石“野蛮”碰撞失水相比，海洋的水也继续“文明”地蒸发，进入大气，经紫外线分解成氢和氧，氢继续进入外大气层，逃离火星。

所以，在第一个 7 亿年中，火星的水经地壳、海洋和大气，陆海空三路逃亡，再加上陨石肆虐，碰撞侵蚀，很可能是火星历史上失水情况最严重的一个时期。

大失氮

38 亿年前陨石风暴停止，火星由陨石得水的速率大幅度减慢，失水速率也相对降低。此时火星的大气压很可能与地球接近，包括大气中氮的成分比例也相近。

地球在这个阶段，从天上来的简单的氨基酸，在氮、碳、氢气体丰富，温暖潮湿的环境下，已发展成无核单细胞，使用太阳能进行绿色生命的光合作用，摄取二氧化碳，对地球大气持续加氧 30 余亿年，彻底改变了地球先天继承的大气成分，也永远改变了地球未来的命运。

火星呢？可没有这么幸运。小矮个火星的重力场仅为地球的 38%，脱离速度每秒 5 千米，与地球每秒 11 千米的速度比，为 45%。氮是生命起源的重要元素，没有氮，就没有无核单细胞，就没有光合作用，就没有氧。氮分子的速度每秒可达 6 千米到 9 千米，比火星脱离速度高，比地球脱离速度低。地球能留住氮等气体，小矮个火星只得放行，这可能是火星最大的致命伤。

与流力逃亡潮和碰撞侵蚀相比，氮气逃亡遵守能预测的物理定律，是文明打法。但陨石风暴停止后的38亿年间，这个物理定律绵绵不断，加在火星身上，铁杵磨成绣花针，几乎把火星氮等气体全部耗尽，仅剩下2.7%。但最可怕的是，在氮等气体流失后，火星整个大气压减低，降成仅为地球的1/150。在这么低的大气压下，液态水无法存在。水或是集体逃离火星，或是在水的循环过程中转入地下，变成地下永冻层（permafrost），或成为深藏不露的地下水。

至此，火星失去所有地面上的液态水，地表干旱，仅留下在北极呈心锁状的水冰帽。

有些专家认为，目前火星上各类自然泄洪道和混乱地形，都可能是在38亿年前陨石风暴停止前后，由水冲蚀而成的。

泄洪道

“水手九号”观测到火星有4处自然泄洪道结构，规模最大的在金色盆地（Chryse Basin，N20/W45）。其他3处分别在艾里申平原（Elysium Planitia，N30/W230）、赫拉斯盆地（S40/W270）和亚马孙平原西缘的凯西谷（N20/W160）。

金色盆地地势低，在火星数据平面下1千米，呈袋状，三面环绕着4千米高地（本书所有火星标高都以数据平面为准，请见第六章火星风貌“数据平面”一节），北出阿西得里亚平原（Acidalia Planitia）。自然河道由东、南、西三方向朝金色盆地汇集，形成宽宏的泄洪道，浩荡北奔2000千米，消失在阿西得里亚平原南缘。

金色盆地的河道大多数起源于周缘的混乱地形区。目前一致的看法，皆认为混乱地形成形前，地表下存有厚实的冰层，因气候变化、地震或陨石碰撞，冰层破裂，高压下的地下水破土猛喷而出，造成塌方，留下重灾区，造成混乱地形。水急奔泄洪道，浊浪滔天，以排山倒海之势向下游挺进，切出弯曲的河道，洋洒北行，一路被地层吸收，或蒸发，最后终归无影无踪。

在水手号谷东北缘，达·芬奇陨石坑以南，有一块拉威谷（Ravi Vallis）混乱地形，略呈三角形（图8-1），长150千米，宽近100千米。混乱地形深陷10千米，谷底大小岩块罗列，密密麻麻。图中略左，洪水泄出痕迹明显，是火星上最出名的混乱地形之一。这块被称为卡普利深壑（Capri Chasma）的地区，曾为“海盗二号”降落候选地点，终因地势太崎岖而作罢。

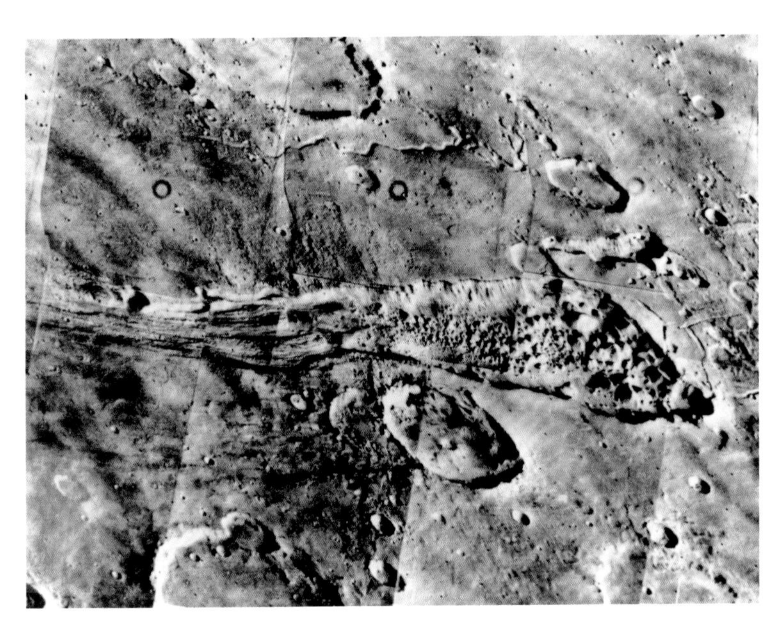

图8-1　拉威谷混乱地形（Credit：NASA）

顺着卡普利混乱的地形往北走，就能看见金色盆地南方一大片泄洪地盘（图8-2），面积达1000千米×2000千米，由右下方向西北方延伸，泄洪道与陨石坑打成一片，间杂着层出不穷的混乱地形。图上偏右，洪水水势已弱，泪珠形岛屿地形明显，是水流的铁证。图中央上方是“海盗一号”和“火星探路者号”的降落地点，为人类寻找火星水源和化石生命的理想场地。正下方为后备降落地点。左下方插照为地球上最大的相似混乱地形，比例尺度相同，位于美国西海岸华盛顿州哥伦比亚河上游，面积约为金色盆地的 1%。

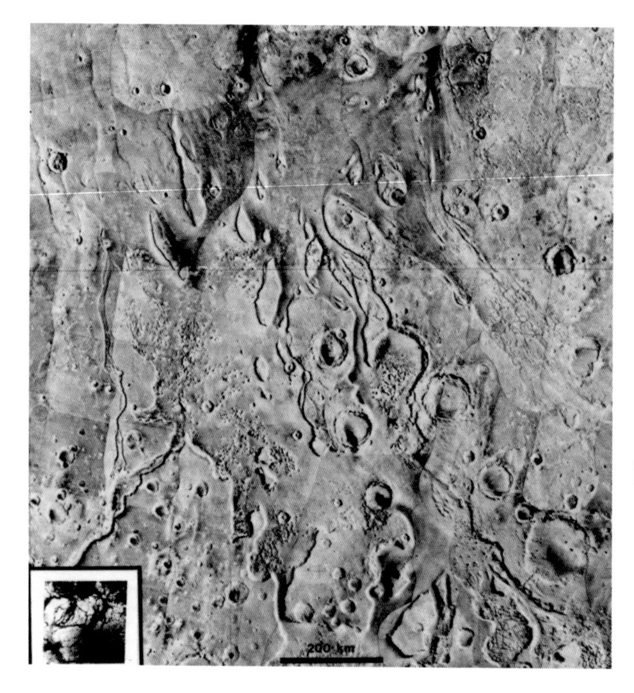

图 8–2　金色盆地南方一大片泄洪地盘。左下方插图为地球上最大的相似混乱地形，面积约为金色盆地的 1%（Credit：NASA）

天文地质学家常以 100 万平方千米面积内所包含的陨石坑总数目和大小来估计该地形的形成年代。图 8–2 的总面积约为 200 万平方千米，约有 10 个直径 50 千米以上和 50 个直径 10 千米以上的陨石坑，可约略估计这片广大的泄洪地形年龄应在 35 亿年前至 38 亿年前之间①。

将图 8–2 部分泪珠形岛屿放大（图 8–3），岛屿上的陨石坑清晰可见。

① 以陨石坑估计地形年代，不十分正确，但聊胜于无。对火星而言，一般使用下列尺度:（1）陨石坑密度每百万平方千米内有 200 个以上、直径为 5 千米的陨石坑，每百万平方千米内有 25 个以上、直径为 16 千米的陨石坑，地形年代为 35 亿～38 亿年前;（2）陨石坑密度每百万平方千米内有 400 个以上、直径为 2 千米的陨石坑，每百万平方千米内有 67 个以上、直径为 5 千米的陨石坑，地形年代为 18 亿—35 亿年前。

陨石坑阻挡流水，造成泪珠流痕。陨石坑周边新鲜锐利，没有水蚀迹象，肯定是流水深度没淹过陨石坑顶。这张照片很清楚地显示，陨石坑先存在，洪水后至。图下中向右上角走的直线是河岸。图左右两边有些零星的小陨石坑，没有阻挡水流的痕迹，那是洪水后才发生的撞击事件。

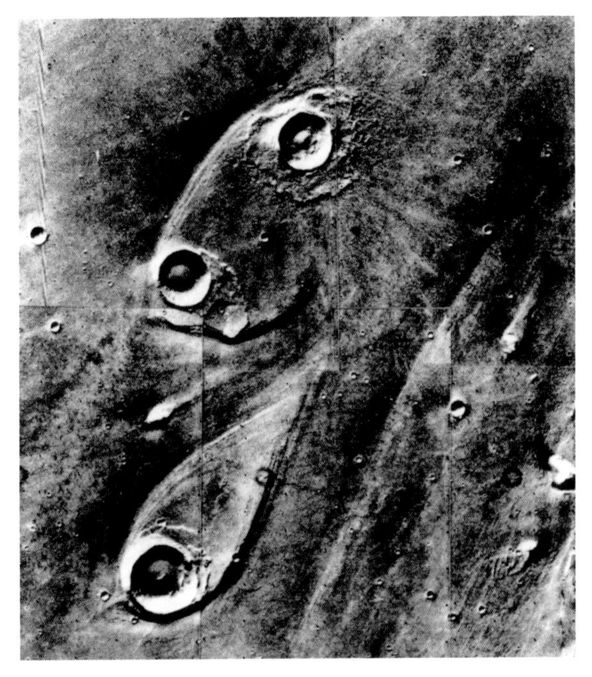

图8-3 图8-2泪珠形岛屿的放大图（Credit：NASA）

在6000千米外赤道以南，奥林帕斯山西南方的曼卡拉山谷（Mangala Valles）地区，也有丰富的泄洪地形（见图8-4）。图上右原本有巨大的混乱地形，洪水宣泄后，河道规矩成形。专家认为，即使现在火星地表滴水不见，在这种地形下面，仍有大量水冰存在的可能。

“水手九号”观测到火星的泄洪道结构后，专家不敢相信是水的杰作。火星无水，何来泄洪道?

图 8-4　曼卡拉山谷地区的丰富泄洪地形（Credit：NASA）

有人认为是由火山岩浆切出的，有人认为是液态碳氢化合物或液态二氧化碳，甚或是地表熔化后收缩而成的，议论纷纷，莫衷一是。20 世纪 70 年代，专家发现了美国西海岸华盛顿州哥伦比亚河上游，在更新世（Pleistocene Epoch，170 万年前至今）形成的斯卡布兰（Scabland）区混乱地形，结构与金色盆地泄洪地区相当接近，尤其是泪珠形岛屿形状，相似处更是惊人。大家终于一致接受火星上的泄洪道是由水切出来的。至此，火星曾有过巨大的诺亚洪水，才成定论。

在泄洪地区的上游，有深壑地形，相当类似地球的深水湖地质结构。在金色盆地南缘和水手号谷中段，深壑密集分布，有的深达 8 千米。已有明显迹象显示，这些深壑曾被地下水充满，是火星上的湖。甚至整个水手号谷，也曾灌满过水，变成内海，但因气候变化，冰堤融化，最后向低洼地倾注。这可能是最巨大的洪水源头。

火星上也有与地球极为相似的河流一河谷地形，有明显的支流结构（图 8-5）。这类地形与泄洪道相比，大有不同：泄洪道只需地下水，因地质突变，洪水暴发，来去迅雷不及掩耳，而留下一片烂摊子。河流—河谷地形，则需长期气候温暖，河水在地面流动，慢工细活，逐渐侵蚀而成。

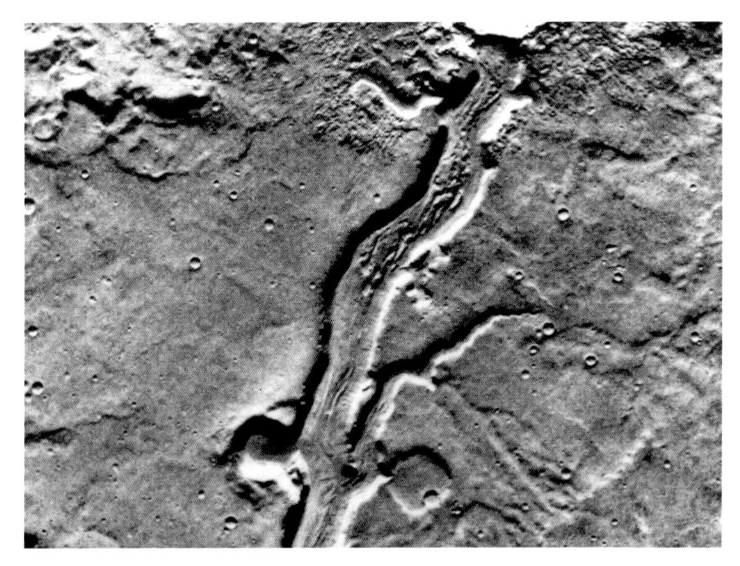

图 8-5　火星上也有与地球极为相似的河流—河谷地形（Credit：NASA）

专家已有共识：这类地形是由雨水和地下水长期侵蚀而成的，为火星过去曾经有过温暖、潮湿环境的证明。形成期可能在陨石风暴停止前后，与地球生命起源时期接近。如果火星曾经有过生命，似乎也应在这个期间滥觞。

水量估计

上文提到，人类因火星的启发，发现了地球上最大的古泄洪道结构。那是在更新世形成的，地点在美国爱达荷州和蒙大拿州交界的密苏拉湖（Lake Missoula）。密苏拉湖居高临下，俯视哥伦比亚河河谷。湖与河谷以冰河相连，长年相安无事。偶尔温度上升，冰河融化，湖水破冰堤而出，以万马奔腾之势，向下游的河谷宣泄，造成斯卡布兰洪水区和明显的混乱地形。

专家估计，造成斯卡布兰地形的洪水流量约为每秒 10^7 立方米。而美国最大河流密西西比河，河水流量约为每秒 10^5 立方米，仅为斯卡布兰洪水量的 1/100。

以同样的方法估计，火星金色盆地的洪水流量，大约为每秒 10^9 立方米，是斯卡布兰洪水量的 100 倍、密西西比河的 1 万倍。所以，用“诺亚洪水”来形容火星曾经发生过的巨大洪水，力度实在不够。

火星洪水流量尽管大，但我们不知道它到底流了多久，所以无法算出总水量。通常以地质结构计算水量，考虑的因素必须包括河道的长、宽、高、总体积、总河道数，干涸湖泊的大小，可能是以前的海洋、能集水的低洼地体积，地下水含量和火山喷出的水汽等。

以高空轨道照片来估计，金色盆地一地的河道体积，每条约 10 万立方千米，错综复杂有 60 条河道，共得 600 万立方千米。这个体积除以火星总表面积（$4\times3.14\times3390\times3390$ 平方千米），得 40 米。换言之，如果把装满 60 条河的水，平铺在整个火星地表，得水深 40 米。

这个估计显然相当保守。实际情况不可能是洪水未至，河道先开。洪水的体积总得比河道体积大，才冲得出那样大小的河道。而且，数次洪水可能都用相同河道，也未可知。还有，河道体积会因不同时期的侵蚀而变小，所以目前观测到的体积，应比刚成形时小。另外，泄洪河道都在数据平面 0 ~ 1000 米，低于这个高度的地下水源，没有足够的水压参与泄洪壮举。这一单项因素，就能使以上估计加倍：把留在地下的水量加进去，水深便由 40 米变 80 米。最后，地下水源的分布，应是全球性的。金色盆地仅占火星地表面积 10%，所以，40 米深度乘 10 倍，变成 400 米，也有可能。

以同法估计，火星其他三个泄洪区，共得水深 20 米。加上金色盆地的 40 米，共 60 米。

火星火山喷出大量地心材料，估计有 6500 条相等河道的体积。以 1%

为水的估计，得水深 45 米。这是个乐观的算法，因为从火星掉到地球的 21 块陨石显示，其含水量低于 1% 甚多。并且大气中的水分更容易以各种途径逃逸，减低地表水分量。

火星北半球低洼地幅员广大，加上湖泊、水手号谷，如果全被水覆盖，需水 1000 米深。

以地球氩和氮和水的比例为准，火星目前水量应在 10 米到 100 米之间。另一项前文提到的，是氘（D）对氢（H）的比例（D/H），火星高过地球 5 倍。火星的水分子经强烈的紫外线分解，变成氢和氧。氢气上浮到外大气顶，以扩散方式进入重力弹道轨道，达到脱离速度；同时，以气体黏滞力呼朋引伴，怂恿其他气体入伙，掀起大规模的流力逃亡潮。氘比氢重，氢跑得多，留下的氘比例相对提高。

浓缩的 D/H 值，是火星过去含水量的“藏镜人”，明确证明火星曾经有过更多的水。如果把目前火星 D/H 稀释成与地球等值，火星应有 1 万米深度的海洋。这部分水早已流失，不在目前估计之内。

总之，各类五花八门的估计，以科学的眼光看来，还是在猜谜游戏阶段，但肯定的一点是，火星目前应当还拥有丰富的水源。

但是，火星的水，除开能看到的北极水冰帽以外，到底都藏到哪里去了呢？

火星的秘密

冰埋在地下，常因地壳温度变化，热胀冷缩，承受到不均匀的力量，发生位移。巨大地下冰层的移动，会在地表留下蛛丝马迹，有案可寻。

火星上有无数陨石坑。位处低纬的陨石坑，鲜明陡峭，轮廓清晰（图 8-6），看不出地底活动。反之，高纬度的陨石坑，常有软化（softening）现象，坑底呈同心圆波状结构，由边缘向中央蔓延（图 8-7）。

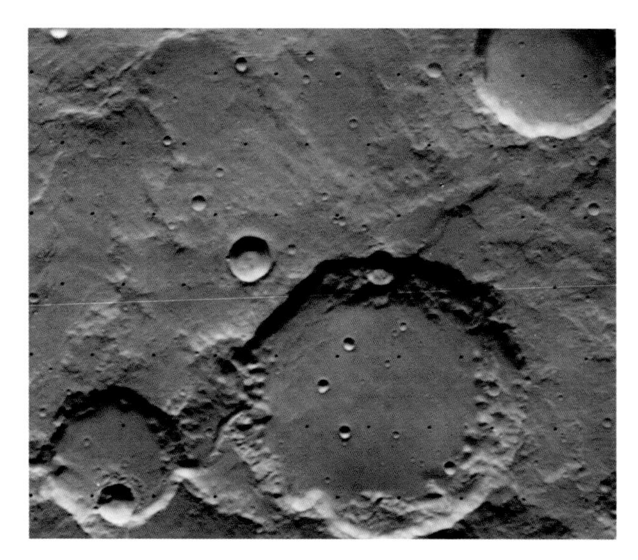

图 8-6　火星低纬度的陨石坑（S12/W163）（Credit：NASA/JPL/ 李佩芸）

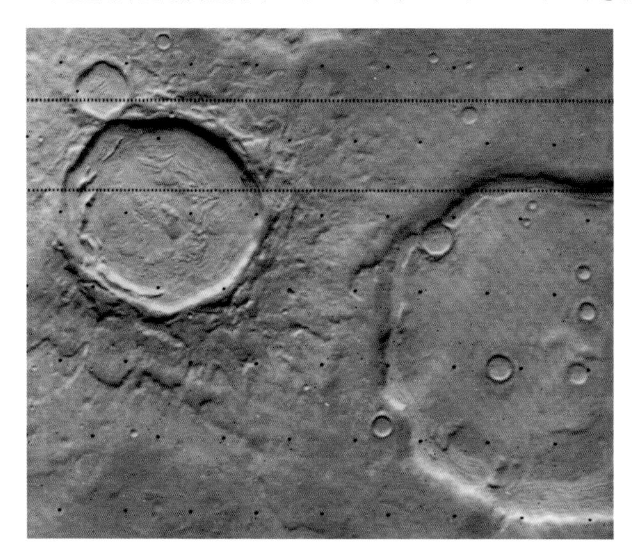

图 8-7　高纬度火星的陨石坑（N33/W312）的软化现象（Credit：NASA/JPL/ 李佩芸）

与低纬度边缘清晰的陨石坑相比，大部分高纬度的陨石坑，边缘软化、模糊（图 8-8）；有的陨石坑甚至被扭曲得变形（图 8-9）：有的陨石坑被地下冰层推动得有如冰河，与周围地表打成一片（图 8-10）。这些地表变化，都应是因为地下冰层移动而引起的。

图 8-8 火星高纬度的陨石坑（S48/W40），边缘软化、模糊（Credit：NASA/JPL/ 李佩芸）

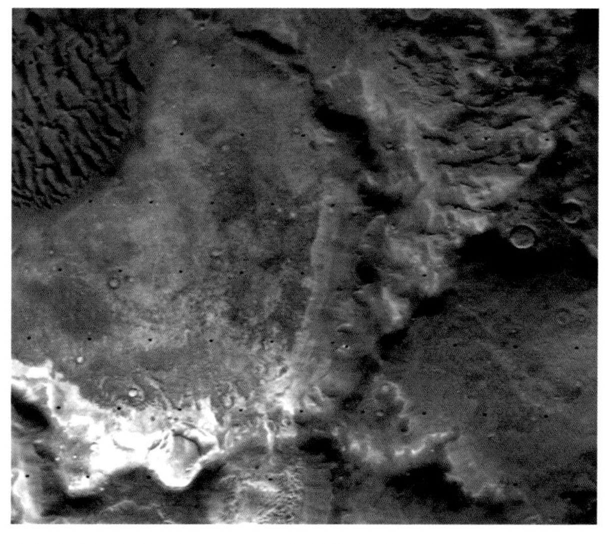

图 8-9 火星高纬度的陨石坑（S48/W340）被扭曲得变形（Credit：NASA/JPL/ 李佩芸）

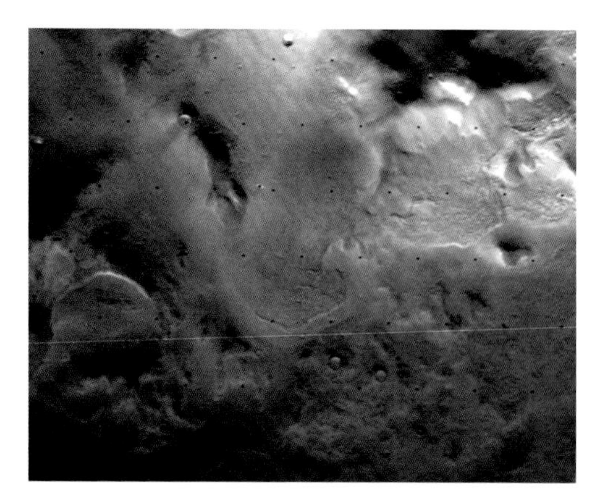

图 8–10　火星高纬度的陨石坑（S47/W247）被地下冰层推动得有如冰河，与周围地表打成一片（Credit：NASA/JPL/ 李佩芸）

陨石以高速撞击地表，会产生高热，如果地下有冰，可瞬息将地下的冰融成水，水与沙土混合，形成稀泥。在陨石撞击下，稀泥向四周溅射，留下明显的抛出物（ejecta）痕迹（图 8–11），这又是地下有冰的证据。

其他实际观测数据再显示，火星地表的平均结霜温度为零下 80 摄氏度[①]。

① 火星地表大气压在 600 帕至 1000 帕之间，其中二氧化碳占 95.32%、氮 2.7%、氩 1.6%、氧 0.13%、一氧化碳 0.07%、水汽 0.03%，其他惰性气体及臭氧 0.15%。

0 摄氏度的冰的表面水汽压为 610.7 帕。换句话说，在 0 摄氏度的冰的表面上，如果覆盖着 610.7 帕气压的水汽，冰和水汽会形成一种平衡状态：每个从冰脱离变成水汽的水分子，由一个从水汽凝结成冰的水分子替换，冰不会变少。但实际上，火星地表水汽压仅为总大气压的 0.03%，等于 18 帕至 30 帕，在 0 摄氏度时，冰有很大的自由度可尽情挥发，朝平衡气压 610.7 帕接近，但大气中的水汽只能回馈冰失去的 0.18/6.107 ≈ 0.0295，或 3% 不到。0 摄氏度下的冰进出不平衡，冰逐渐挥发成水汽。在零下 80 摄氏度，冰表面的水汽压约 20 帕，冰的水分子进出数目一样，达到“收支”平衡状态。零下 80 摄氏度是水汽在 20 帕气压下的“霜点”。高于这个温度，冰会逐渐消失；低于这个温度，冰会逐渐增加。在不同的水汽压下，水汽的霜点不同。

在实验室里，如果把一块冰放在真空中，冰会很快气化、消失。但真空环境下，温度愈低，冰消失的速度愈慢。如果将真空加入 20 帕水汽压，则在零下 80 摄氏度，冰不再消失，冰块也不会变小。

在低纬赤道附近，温度比霜点高，即使以前有地下冰，现也早已挥发殆尽，在十亿年内年轻的陨石坑应该形状新鲜锐利，没有移动迹象才对。这与预期的观测结果相符合，是一个有力的旁证。

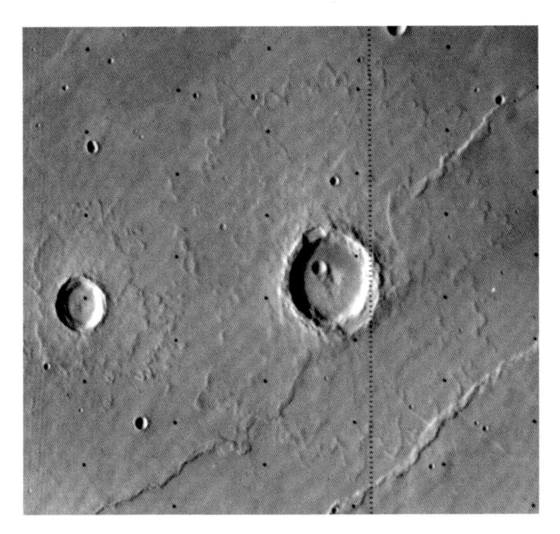

图 8–11　陨石以高速撞击地表，留下明显的抛出物痕迹（S23/W79），是地下有冰的证据（Credit：NASA/JPL/ 李佩芸）

在 30 度至 60 度高纬地段，地层温度低于零下 80 摄氏度，地下冰层可长期稳定存在。在地质不平衡力量的推动下，地表上明显的结构，诸如大到数十千米的年轻陨石坑等，应该会有挪动现象。而这与高空观测结果再次符合，又是一个强力的旁证。

火星目前各类大规模地表位移现象，都集中在高纬度带，证明地下冰层存在的地理位置是在高纬寒带。纬度 30 度以下，并没有地下冰层。目前，火星的水被锁在高纬度的地下冰层里，是专家一致的看法[①]。这也是火星告

① 火星有一个复杂的水的历史，许多专家学者已尽毕生之力钻研。有关火星水的参考资料浩瀚，作者在此只能勾画出粗略的轮廓。作者要向有兴趣的读者，郑重推荐一本经典之作，作者为卡尔（Michael Carr），书名《火星的水》（*Water on Mars*），牛津大学出版社（Oxford University Press）1996 年出版。

诉人类最大的秘密。

水的循环

目前火星大气稀薄，没有温室效应，温度酷寒，在赤道低温可延伸至地表以下 2.5 千米，两极可达 6.5 千米不等。确知的水分只有北极水冰帽和大气中 0.03%的水汽。

38 亿年前陨石风暴时，含水陨石能深钻地下，可达 10 千米，至今仍应健在。据估计，这些陨石带来的水量在地表下均匀分布，相当于 1.5 千米的海洋深度。

在火星纬度 30 度以下的地下冰层温度比霜点高，冰可能早已气化，向地表方向渗透，进入大气，最终在两极再凝结成冰，完成由低纬往高纬运输地下冰的动作。38 亿年中，这种低纬度失水情况持续，可将赤道带地层干化，深达数百米。

在火星温暖潮湿时期，两极边缘的冰可能再融化，以液态水方式，花上几百万年的时间，从地下再渗回赤道带，完成火星水的循环周期。

目前，火星两极地带冰坚如岩，在地表数米下，稳如泰山，纹丝不动。高纬度冰则有软化现象，造成宏观地形的变化。火星露出底牌，告诉人类，在高纬度的冰别来无恙，健在如昔。在赤道带，软化现象消失，证明地下冰早已人去楼空，杳如黄鹤。

火星目前的水，是锁在地下冰层中，但水的循环，因低压阻梗，只是个单行道：赤道带的冰往两极输送，一去不复返。在目前情况下，赤道带越来越干。

在地球上，海水经由日光蒸发，雨、雪回收，河川奔流入海，水的循环神速。宏观上又有板块运动、火山活动，释放各类锁在固体矿物质中的结晶水，维持液态水的定量供应。地球是生命的天堂。比较起来，火星水的循环以地层下冰的软化速度进行，时间慢得近于停摆。若真有依赖水为生的火星生命，生命脉博也是几亿年才跳动一下吗?

新的发现

2000 年 6 月 23 日，一则来自美国的新闻，引起了世界轰动。

这条美国国家航空航天局发布的消息说，“火星全球勘测卫星”从 1999 年起开始发现许多类似排水沟渠（gully）的结构，密集分布在 30 度以上高纬度的陨石坑壁上，可能是火星液态水现形的证据。

最令人震惊的是，这些沟渠的分布面没有陨石碰撞痕迹，不像上面提到的各种混乱地形，总与大小不一的陨石坑同时出现——换言之，陨石坑是混乱地形形成后的事件，混乱地形比陨石坑年龄来得大。

没有陨石碰撞痕迹，就表示这些沟渠的地质年龄轻，可能发生在最近的几百万年内，甚或可近至“昨天”。

发布的新闻中，包括了十几个这类散布在火星各个角落、纬高在 30 度至 70 度的排水沟渠的照片，分辨率高达一辆吉普车的大小。图 8–12 的陨石坑，直径 12 千米，位于南纬 37.4 度、西经 168 度，遥望南极方向的刘歆陨石坑。照片显示出陨石坑的西北象限，宽 4 千米、长 8 千米，太阳由图上北方射入。数十条在陨石坑背阳面的排水沟渠，由陨石坑上缘向坑底奔泻而去，清晰细致，有些中途会合，并有数个在终点形成明显的“三角洲”，然后逐渐消失。

整个排水沟渠面没有任何陨石碰撞遗痕，是火星最年轻的地貌结构。有些专家认为，这些沟渠形成在近代地质期（geologically recent）。

据我们的理解，火星地表目前的气压太低，水只能以冰的状态出现。在地底高压处才是液态水集中之地。在近代地质期，液态水在火星地表已不可能现形。

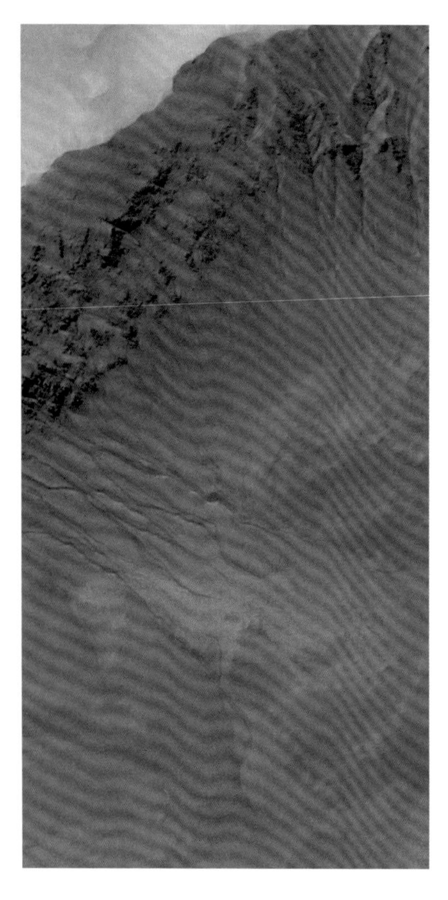

图 8–12 “火星全球勘测卫星”拍摄到的近代火星地下液体喷出地表的火星照片（Credit：Malin Space Science Systems/NASA）

但这些众多类似排水沟渠的结构，无疑的是液态水冲出的现场证据，我们如何解释这些表面上看来相互矛盾的现象呢?

这些沟渠存在的地理位置，有着另一个更奇怪并且异常突出的共同特点：它们都位于地处高纬度陨石坑的背阳面。这个特点可能向我们提供了一个强烈的暗示。

我们目前肯定火星高纬地下有冰。几百米深的地底，压力增高，可能有液态水。液态水要冲出地表，得先破冰而出。陨石坑周壁的地下水，因大量的泥沙已被陨石崩走，离地表较近，封住水的冰层较薄弱。

先从向阳面说起。“向阳草木先得春”，向阳面较温暖。陨石坑的向阳面封住液态水的冰，可能慢慢地融化了，导致液态水逐渐释放。液态水一到地表，就即刻气化，进入大气。“春梦了无痕”，在陨石坑壁留不下任何遗迹。

背阳面寒冷，冰不融化。但被冰封的水，因某种地质变化，压力陡增。高压下的水，破薄冰而出，其中部分的水急速气化，剩下的以爆炸般的冲力，向坑底狂泻，切出条条排水沟渠，夹带泥沙，沉积在水流尽头，形成三角洲。

这些解释，符合人类所知的物理原理，但大自然会这么做吗？这则火星地表液态水现形新闻的强大震撼力，足以使美国国家航空航天局的新火星探测计划起死回生，走出“火星气象卫星”和“火星极地登陆者号”惨重失败的阴影，到 2003 年再以完整的梯队，全力出击。

这些水源宝地，将加速带领人类寻得火星生命。

跟着水走

从“海盗号”1976 年登陆火星起算，人类痴情地在火星地表寻找生命，但火星生命音信杳然，了无回应。

到了 21 世纪初，人类回顾过去近 30 年的研究历程，整理出一个崭新概念：生命一定得和液态水共存。要想找到过去甚或现在的火星生命，没有近路可抄，唯一可执行的策略，就是，跟着水走（follow the water）！

火星地表记录了太多过去诺亚级洪水泛滥的痕迹，人类就是想不通，咋的现在连一滴水都找不到了？火星现在地表的平均温度虽然在零下 63 摄氏度上下，但在赤道的最高温也可达到 20 摄氏度，地表下又有蕴藏丰富的水冰，总该有些水冰要融化一下吧？！人类要认真使用绝大部分每 780 天开放一次的火星发射窗口，花下大笔宝贵经费，不断地向火星运送最先进的科学仪器，发下毒誓，找不到液态水，决不罢休！

21 世纪新火星探测策略，就是“跟着水走”的计划。策略的核心仪器

（图 8-13）包括：

1. 2004 年 1 月登陆火星的“勇气号”和“机遇号”；

2. 2006 年 3 月 10 日进入火星轨道的美国新一代“火星勘测轨道飞行器”；

3. 2008 年 5 月 25 日登陆近火星北极的“凤凰号”；

4. 2012 年 8 月 6 日登陆火星的美国“火星科学实验室”（Mars Science Laboratory）和“好奇号”（Curiosity）新型漫游车；

5. 2018 年 11 月 26 日登陆火星的美国“洞察号”（InSight）实验室。

2006 年美国新一代的“火星勘测轨道飞行器”开始以超高解析度巡视火星地表沟渠痕迹，为 21 世纪的探测小车寻找最理想的登陆地点。图 8-14 就是它的“高分辨率成像科学设备”在 2014 年拍摄的火星沟渠照片，分辨率约 0.3 米，高出图 8-12“火星全球勘测卫星”的分辨率近 5 倍。

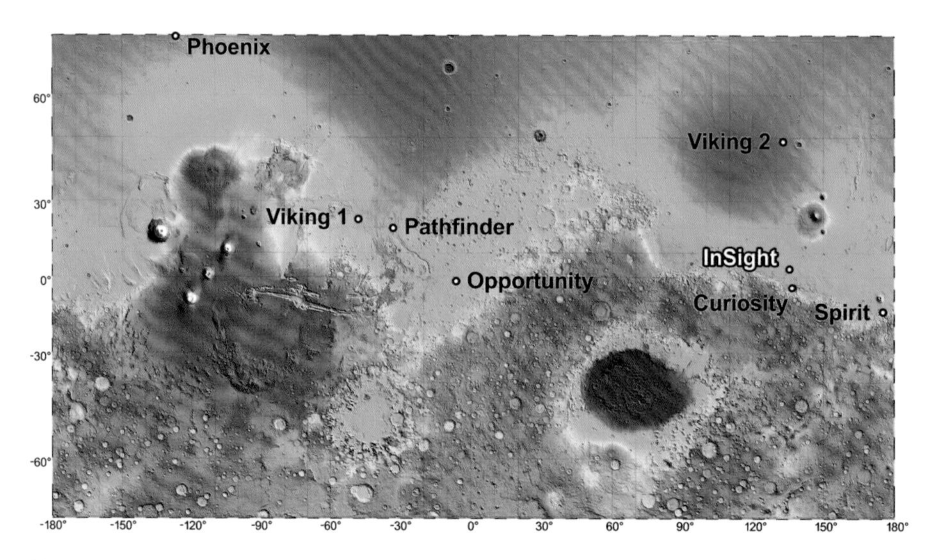

图 8-13　人类登陆火星最给力的几架探测仪器在火星地表的分布图。新一代仪器的主要目的是实现人类“跟着水走”的 21 世纪火星探测策略（Credit：NASA/JPL）

图8–14　高分辨率成像科学设备拍摄的火星沟渠照片，高出图8–12的分辨率近5倍（Credit：NASA/JPL）

这类高清照片仔细地为“火星科学实验室”提供了“跟着水走”最佳降落地点。“火星科学实验室”携带的“好奇号”，是目前人类送上火星一架最大的新型漫游车，大小有如一辆吉普车。负责研发、操作和管理这项计划的加州理工学院的喷气推进实验室（JPL），都会留有一架和飞行组件完全相同的工程组件，以备在数亿千米外火星上的任何仪器发生故障，在地球这边有个一对一维修它的参考备用机件。

“好奇号”净重899千克，2012年估值，造价加操作费用为25亿美元，为等重黄金价格的60余倍。

2012年12月，“好奇号”刚开始在火星地表运作，作者应喷气推进实验室主任伊拉其（Charles Elachi，1947–）的邀请，参观拜访了“好奇号”地面工程组件实验室。在地球上的地面工程组件每天要做的事就是亦步亦趋地跟着火星上“好奇号”做每个动作，最好完全同步。在地面组件运作的过程，因为移动原因，组件多少都会累积一些静电。所以，如因操作维修原因非得要触碰这个比同重量黄金还要昂贵数十倍的仪器，负责的工程人员就得要使用挂在脖子上那条1米多长的放电导线。程序是先把导线的一端扣在贵重的电子仪器的地线上，再把另一端紧扣在手指上，如此这般，仪器和身体的电位就平衡了，此时再去触碰这个珍贵的工程组件时，就能保证做到保护电子仪器不受伤害。正如作者参观拜访“好奇号”地面工程组件实验室，在与负责的工程人员讨论时，就最好把两手深深地插在口袋里，以免闯祸（图 8–15）。

图 8–15　2012 年 12 月，“好奇号”刚开始在火星地表运作，作者参观拜访了“好奇号”地面工程组件实验室（Credit：NASA/JPL）

“好奇号”在火星上钻钻挖挖，竟然在盖尔陨石坑（Gale Crater）附近找到了一氧化锰（MnO）类的矿石。以地球经验，只有在氧气成分充沛的大气下，锰才可能被氧化成一氧化锰。所以，火星过去可能有过氧气丰盛的大气。更厉害的是，“好奇号”又紧接着在火星地表发现了高氯酸钙 [$Ca(ClO_4)_2$]、高氯酸镁 [$Mg(ClO_4)_2$]、高氯酸钠（$NaClO_4$）、氯化镁（$MgCl_2$,）、氯化钠（NaCl）和硫酸镁（$MgSO_4$）等多种类盐分。

甩出了这么多矿石和盐的化学成分，到底有什么用呢？

人类从20世纪70年代起，以为一登陆火星，土一挖，放到营养液中一培养，火星的细菌生命就会活蹦乱跳地现形，向人类挤眉弄眼套近乎。人类花下接近天文数字的科研学费，终于痛苦地理解到事情不那么简单。火星的环境异常诡诈，寻找火星生命之路漫长，要一步一个脚印去寻找，才有达阵的可能。

以地球经验，生命一定得和液态水共存。溶有氧气的液态水更为关键，是火星细菌最需要的生命环境。所以在这得提出两个问题。第一，火星现在或过去曾经有过液态水吗？第二，火星现在或过去如曾经有过液态水的存在，那水中能溶有足够的氧气来支持细菌生命的存活繁殖演化吗？

从火星轨道上取得的高清图像看来，火星有如图8–12和图8–14的沟渠分布，甚为常见，如发生在地球，肯定是洪水冲出来的无疑；并且这些图像只偶尔包括少见的陨石坑，不像水星和月球表面被陨石撞得密密麻麻，记录的是古老地质年龄。而火星的沟渠异常年轻，年轻到甚或发生在昨天。前面章节也细说了火星地质软化的来龙去脉。火星地下水冰蕴藏量丰富。所以，火星地下的水冰，只要再加一点点助推，液态水就可能呼之欲出！

助推的力量就来自“好奇号”在火星地表发现的各种盐分。冬天我们在结冰的路面撒盐，可强制把水的冰点降到零下18摄氏度上下。加盐使水的冰点降低，直觉上很容易理解。水分子想要手牵手整齐排成冰的晶体结构，现整齐秩序被挤进来的盐分子打乱，水分子只得往更冷的方向走，水分子之间才能更有亲和力完成结晶共业。所以，有盐分进来搅局的水分子可以在正常冰点下维持液体状态。

现在火星上发现的高氯酸钙、高氯酸镁和高氯酸钠等盐分能使火星上水的冰点降到零下几度呢？

火星目前的绕日自转轴的倾角为25.19度，与地球的23.5度不相上下。火星目前的均温为零下63摄氏度，赤道高温可高达20摄氏度，极地低温可达零下153摄氏度。火星不像地球，有个巨大的月球卫星来稳定自转轴倾角，所以火星在过去或未来的地质年代，自转轴的倾角变化较大，由 0 ~ 90 度的转变都有可能。所以，火星每一时期的高温和低温会因自转轴倾角的变化而变化，在过去两千五百万年至未来一千万年内，火星表面温度极限的变化，以数学模型估计，应在零下 150 至 20 摄氏度之间，和目前火星温度极限略同。

先回答上文提出的第一个问题，即火星现在或过去曾经有过液态水吗？因火星高氯酸钙等盐分的发现，可以使火星的水在零下 118 摄氏度仍然能维持在液态水的状态。现在我们了解这些火星上盐的厉害了吧！所以不管火星的自转轴倾角为何，在火星过去和未来的几千万年内，火星的水冰，除开一部分极冷的地区外，因这些盐分的存在，可以和这些盐分混在一起，以液态水状态存在，应不成问题。在 2015 年 9 月 28 日美国国家航空航天局以“火星勘测轨道飞行器”所收集的数据，确认火星地表或地表下有液态水流动的痕迹。

“好奇号”在火星上发现了这些重要的盐分，导致火星的水冰能够以冷到零下 100 多摄氏度的咸水状态存在，科学家在 2018 年 12 月发表的这个结论，大概够资格成为人类过去 40 多年从“海盗号”火星探测以来最重大的发现和成就！

成就虽然耀眼辉煌，但对寻找火星细菌生命的“温床”环境，还只是起步而已。只是起步的原因简单易懂，因为细菌除了需要液态水进行新陈代谢外，还需要足够溶在水中的氧分子供应关键的生命化学反应，才能存活繁殖演化。现在的火星，大气稀薄，氧气成分只是稀薄大气的 0.145%，可谓少上加少，氧分子难寻。幸运的是，“好奇号”在火星上发现了一氧化锰，所以我们可以猜测火星过去可能曾经有过丰富的氧气，现在这些氧分子锁在某些矿石中，在合适的物理化学条件下，可以使用。我们现在就善待一下自己，假设火星上氧分子来源无碍，只针对目前的问题，即水冰和盐一混，变成液态咸水，水中盐分太多，把液体中“溶”纳氧的空间可能都挤光了，那氧又如何能溶入盐分几乎饱和的咸水里呢？

现在我们可以回答上面提出的第二个问题了，即火星几近饱和的液态咸水中能溶有足够的氧气来支持细菌生命的存活繁殖演化吗？如上所言，因“好奇号”在火星上发现了一氧化锰，证明火星过去曾经有过丰富的氧气，所以，我们可以说，只要火星上有液态水，火星过去地质年代存在的氧分子溶入咸水中的可能性很大。但这个溶入，基本上是个“拔河赛”，也就是说，咸水的含盐量越高，咸水中的外来盐客越拥挤，氧气分子要想挤进来，就更困难。但咸水中的盐分高，咸水的温度就越低，物理定律说，低温咸水比高温咸水可容纳更多的氧分子。所以，盐分高的低温咸水基本上可以让氧分子在咸水中多抢出溶入的空间，如此这般双方拔河竞赛酣战不休。

我们可以想象，火星细菌生命在含氧量够的低温咸水中繁殖演化，它一定是生存在极端恶劣的环境之下，有如第九章图 9-1 标出的地球嗜热古菌一样，也是极端微生物类（extremophiles）。但火星细菌生命的生存环境无热可寻，反而可能完全相反，它一定得嗜酷寒。这是新世纪火星生命探测的革命性理解，再一次照亮了人类寻找火星生命的道路。

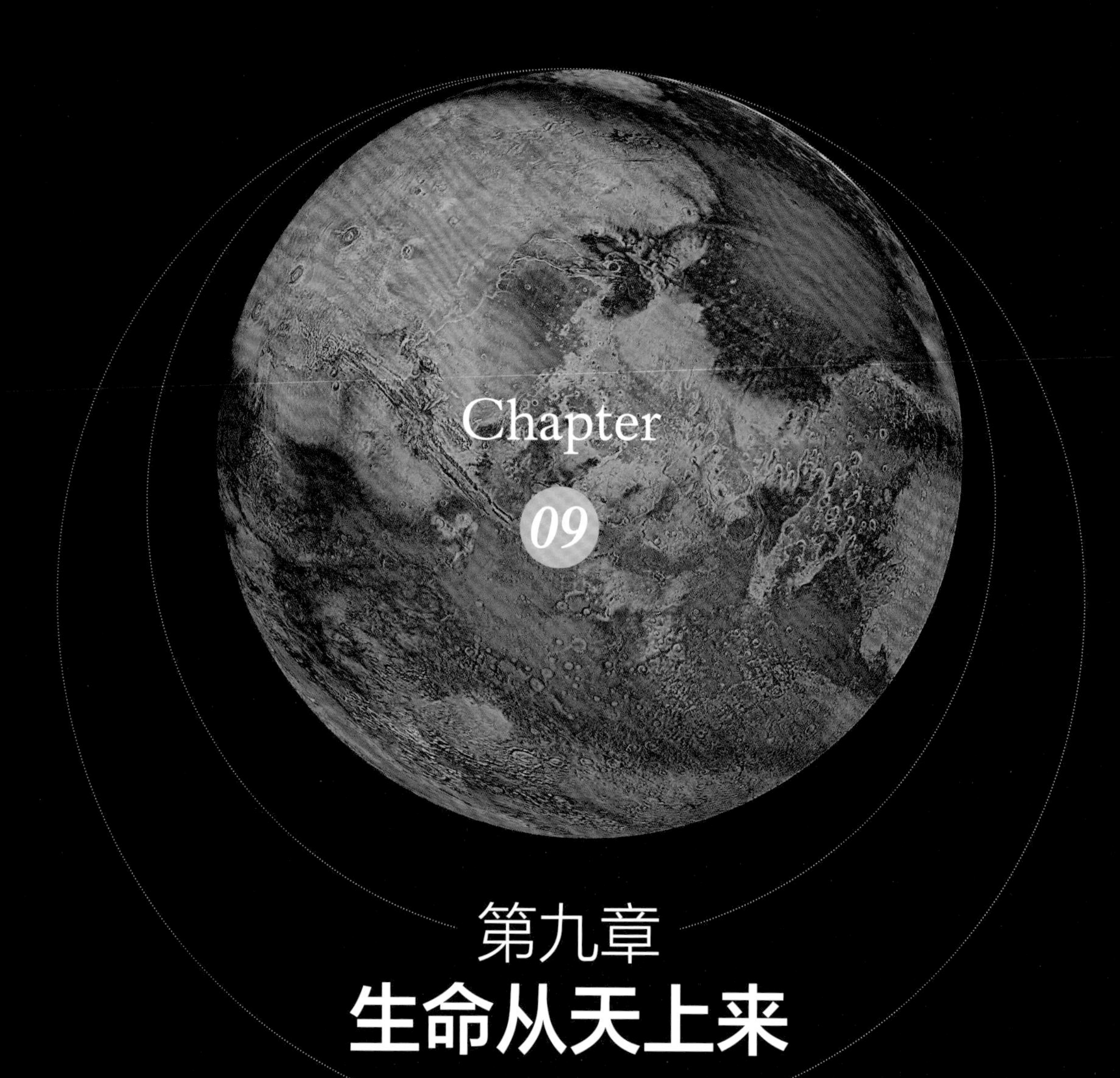

第九章 生命从天上来

人类从未放弃在火星上寻找“外层空间生命”的希望。赫歇耳以火星自转轴的倾角，认为火星和地球一样，存在春、夏、秋、冬四季。18 世纪的人类，通过望远镜，看到火星地表颜色时有变化，推论火星有绿色植物季节循环，生生不息。20 世纪初，洛韦尔以他丰富的想象力，为火星谱出 500 条“运河”。

在“水手四号”飞越火星前夕，好莱坞已制作了 6 部火星科幻影片，并在 1964 年，推出《鲁滨逊火星漂流记》(*Robinson Crusoe on Mars*)：鲁滨逊的宇宙飞船在火星撞毁后，遇到火星奴隶星期五，历尽千辛万苦，才共同逃离火星。

但“水手四号”发现火星竟然像月球一样，是一片干冷死寂的世界，无情地粉碎了人类的幻想。4 年后，“水手六号”看到了自然河道的迹象，火星又借尸还魂，由败部复活，再次成为有生机的行星。“水手九号”进入火星轨道后，侦测到巨大的火山群、大片混乱地形、泄洪道和河道河谷，显示火星有过剧烈的火山活动，比地球大过百倍的诺亚洪水。于是人们相信，火星曾经拥有大量的水，火星一定有生命！

人类再次全力出击，20 世纪 70 年代中期，“海盗号”带着地球殷切的期望，登陆火星，直接从土壤中检验火星细菌生命的存在。结果发现，火星干干净净，地表没有生命，连有机物质都没有！

“海盗号”的启示

以人类现在掌握的火星知识判断，“海盗号”能找到生命的可能性极微。水是公认的生命工作液体，但火星大气稀薄，液态水在地表无法存在。生命建筑在有机物质上，然而火星没有臭氧层，强烈的紫外线长驱直入，使土壤呈现超氧化状态，能迅速有效地分解、破坏全部有机物质；以地球经验，即使生命能耐高温、酷寒、低压、无氧、高碱、超咸，但就是无法抗拒高辐射能量。辐射能打入细胞内层，击断结构精细复杂的遗传基因长链，扼杀了生命复制演化的契机。目前火星地表生命，应已是被“三振出局”。

“海盗号”后，人类对寻找火星生命的思维，发生了基本变化。火星在形成后的10亿年中，与地球自然环境应该十分类似，水源、地热丰富。太阳系陨石风暴在38亿年前结束。在此以前，每次陨石碰撞，都如上亿吨级的核弹爆炸，对生命起源有狙杀和“消毒”的力量。陨石风暴前后，火山活动频繁，喷出大量水汽、二氧化碳、甲烷等气体。这些气体既能维持大气压，又能吸收日光能，进行温室效应循环，维持大气温度。

地球上最古老的生命在35亿年前就已经存在，地点在南非和西澳大利亚，显示地球细菌生命在陨石风暴停止后短短的3亿年内就已初具规模。火星在这段时期，应也是温湿环境，生命也可能产生。生命一旦开始，乐观的看法是，生命就能顽强地适应逐渐变为恶劣的自然环境，在有水和食物的地点，继续存活下去，甚或进入长期冬眠潜伏，等待适当时机，复苏繁殖。

如果火星的生命早已作古，我们仍可集中精力，寻找火星化石生命。

氨基酸是生命的化学基础。氨基酸由简单变为复杂，演化到一定程度，DNA就能开始复制，迈出生命的第一步。火星的自然环境可能从38亿年前就开始每况愈下，氨基酸生命发展之路受阻，火星生命在未成形前可能就胎死腹中。即便如此，氨基酸分子的化学演化过程，在火星上仍可能留下蛛丝马迹。在地球上因地表的腐蚀、地球生命的新陈代谢和板块运动，这类的化石记录已不复存在。因此，如果能在火星找到这类化石，价值自是无比珍贵。这是人类寻找火星生命的主要动机之一。

“海盗号”给人类一个明确的启示：火星生命即使存在，也不会生存在地表。火星生命需要一定地层厚度，过滤紫外线，保护遗传基因。其他基本要求是地下生命得接近水源和有机化学食物供应站。但火星目前生命环境恶劣，能有符合这些要求的伊甸园吗？

生命伊甸园

在地球混沌初开时，大气的成分很可能是二氧化碳、氮、水汽等。陨石风暴过后，火山活动活跃，硫黄浓汤漫流，地表灼热，闪电频频，离氧气现世尚有10亿年。这极可能是地球生命伊甸园的写照。

我们现在赖以生存的氧气，是很久以后绿色细胞光合作用的赐予。目前地球大气中的氧处于一个不稳定的平衡状态，好像小孩子玩的陀螺一样，要不停地转，转动一停止，陀螺就倒下。维持大气中氧气“打转”的是绿色生命。如果有朝一日人类将地球生态平衡破坏殆尽，把绿色生命全杀光，我保证，氧很快就会从地球上消失。

地球生命的伊甸园，这个人类老祖宗诞生的地方、地球所有生命的发源地，并没有氧气。今天绝大部分地球生物，无法在那种环境生存。以目前的眼光来看，地球生命起源于一个异常恶劣的环境。

在那个异常恶劣的环境，生命毕竟开始了，对人类最宝贵的氧气，显然一点都不重要，那到底什么是生命起源最重要的因素呢?

以地球经验为例，应该是水。水能溶解各类化学物质，使分子能亲密接触，进行化学反应，制造生命所需蛋白质，并能运输养分，排泄废物。更重要的是，水能被分解成氢和氢一氧离子，直接参与生物化学分子反应，成为生命不可或缺的一部分。别的液体能代替水吗?

土星的土卫六（Titan）有石油类海洋，海王星的海卫一（Triton）有液态氮海洋和甲烷陆地，别的行星也可能有硫酸、氨气、酒精、液态甲烷等海洋。这些液体参与基本生命化学反应能力有限，更谈不上参加制造复杂的蛋白质和遗传基因了。

宇宙间水的存量丰富，专家的共识是宇宙间所有生命都应以水为工作液体。离开水，生命就无法起源和演化，以“水淋淋”来形容生命核心组织环境，最恰当不过。生命一定需要阳光吗? 表面上来看，依赖光合作用生存的绿色生命，是地球食物链的基层，任何吃绿色生命的生命，都靠阳光而活。但地球上有些厌氧甲烷细菌，能在绝对黑暗的环境下，以气态氢和二氧化碳合成有机物质，维持生命。另一种厌氧嗜硫菌，以硫黄、氢、二氧化碳，制造有机食物过活。这些细菌虽然不接触日光，可是它们所用的氢气，是由别的绿色生命腐烂后供给，严格说来，还是依赖日光能。

但氢气在宇宙间到处都有，不一定非靠腐败的绿色生命供给。所以，结论是生命不一定需要阳光。

维持生命，一定需要水，但不一定需要阳光。没有阳光，生命也能起源、演化。

液态水是生命的先决条件，其他都是次要的。地球液态咸水的温度，在南极洲可低至零下 30 摄氏度。深海热泉，则可高达 350 摄氏度。地球生命实际存活的温度，在零下 30 摄氏度到 140 摄氏度之间。

火星大气稀薄，紫外线太强，生命必须生活在地下，见不到阳光。以地球经验，这不是致命伤。如果火星有液态水，生命存在的可能性将会大大增加。

最古老的生命

以目前人类拥有的火星知识推测，如果火星曾经有过生命，种类可能与地球最古老的生命接近。

什么是地球最古老的生命呢？我们几乎可以想象地球生命起源时的环境：无氧、地表炽热、火山活动频繁、甲烷广布、硫黄浓汤漫流。如果生命在这种条件下起源，那最古老的细菌，也就是人类和所有地球生物的老祖宗，必得有耐高温、厌氧、喜硫黄和甲烷等古怪个性。

人类对地球生命的认识和分类经过好几个重要阶段。18 世纪时，人类把生命分成动物和植物两大类。这种分类法显然过于粗糙，有些拥有叶绿体的单细胞生物，能蠕动或用鞭毛游动，它们究竟是动物还是植物？而真菌类一向被归入植物类，但它却无叶绿素。于是有一阵子，地球生命就被分成动物、植物、真菌三大类。直到 20 世纪初，细菌分类学有了长足的发展，才将有核细胞生物（真核生物，包括动物、植物、真菌、原生生物）和无核细胞生物（原核生物）的细菌分开。

细菌虽然一般以形状分类，如杆菌、球菌和螺旋菌等，但这种分类无法建立起它们之间的亲缘关系，在当代是一件头痛而无法解决的问题。一直到 20 世纪 60 年代，基因工程技术出笼，生物物理学家伍斯（Carl Woese，1928-2012），认为核糖体核糖核酸（ribosomal ribonucleic acid，rRNA）排列顺序保存了久远的生物演化记录，并且这种排列顺序变化缓慢，容易追寻亲缘关系。他以这种排列顺序为准，决定出各类细菌间的亲疏远近，发现细菌类含两类截然不同细菌，他命名为细菌（bacteria）和古菌两大类，加上动物、植物、真菌、眼虫、微孢虫等所属的真核生物，终于完成目前完整的生物三领域的普适生命亲缘树（universal phylogenic tree，图 9-1）。

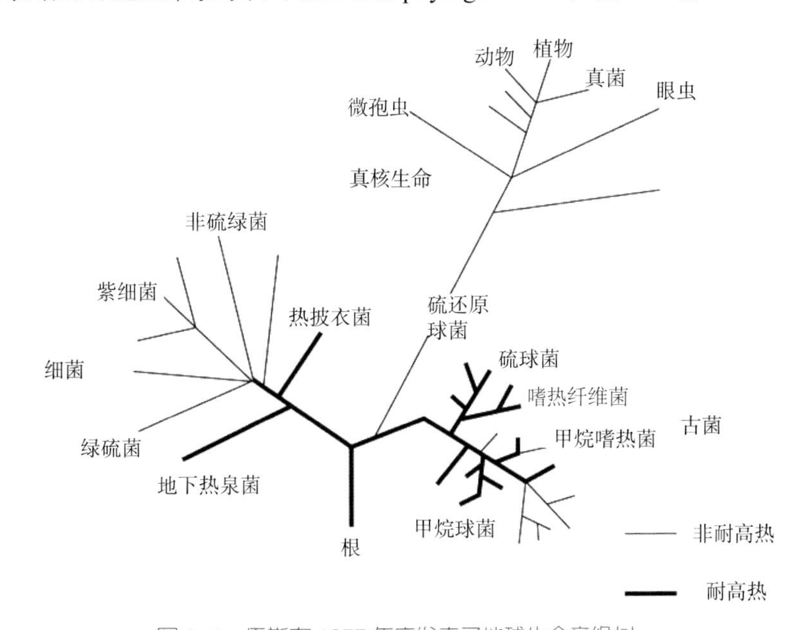

图 9-1 伍斯在 1977 年底发表了地球生命亲缘树

伍斯在 1977 年底发表的古菌生命领域的发现，是一项划时代的成就。当作者第一次看到古菌所涵盖的各类细菌时，的确被震撼了一下。古菌类皆厌氧，含甲烷嗜热菌（methanothermus）、甲烷球菌（methanococcus）、嗜热纤维菌（thermofilum）、火网菌（pyrodictium）、硫还原球菌（desulfurococcus）、硫球菌（sulfolobus）等，几乎就是想象中伊甸园里该有的生命。另外，生命树根的所在，虽然还没有完全确定，一般认为应在古菌树干的下面。

地球最原始的生命似乎是厌氧嗜热菌，生活在 90 摄氏度以上，使用硫、氢、二氧化碳等地质化学能量，生长繁殖。如果温度低于 80 摄氏度，则生长停止。所以，地球所有生物的祖宗，应是依赖化学合成能量、居住在热泉里的古菌。生命一旦开始，就能适应外界逐渐变化的环境。环境如果变得实在无法忍受，有的古菌就停止一切生命机能，进入亘古冬眠，等待佳机复苏。1992 年，美国国家研究委员会（National Research Council，NRC）报告，一个嗜盐古菌（halophiles）冬眠 2 亿年，经实验室培养后，恢复生命活力[①]。南柯一梦数亿年，生命顽强力可见端倪。

古菌领域的发现使人类对生命的看法焕然一新。生命原来竟可以适应那么多种极端的自然环境，只要给予一线生机，生命就能蓬勃发展。我们对生命重新树立起了更崇高的敬意。

地球古菌类的发现，照亮了人类探测火星生命的道路。地球古菌类的生活习性，能告诉人类它们起源时的生命环境。那种环境可能与火星 35 亿 ~ 38 亿年前时相差不远。火星那时也有水、火山活动及热泉，地球能发展出生命，为什么火星不能？

① Biological Contamination of Mars，National Research Council，National Academy Press，Washington，D. C. 1992.

陨石使节

1984 年 12 月 27 日，美国国家航空航天局在南极洲的艾伦岭（Alan Hills，ALH）附近，发现了一块陨石，长 15 厘米、宽 8 厘米，重约 2 千克。

南极洲大陆整年酷寒，即使在一月盛夏，温度也仅在零摄氏度徘徊。隆冬温度可低到零下 100 摄氏度。南极洲雪量极少，基本降雨量犹如沙漠。陆地上冰层厚达 2 千米，雪稀风劲，冰面无堆雪，冰层呈现幽幽蓝光。横跨南极洲的山脉破冰而出，造成一段长达数千千米的斜坡，一望无际，向海岸线延伸而去，形成浅浅的冰谷。

坠落在这片广大冰面的陨石，犹如进了消毒冷冻库。奇妙的是，当冰层热胀冷缩时，发生轻微振动，会将陨石向谷底集中，于是谷底就成为世界上最大的陨石聚宝盆。

每年美国国家航空航天局都在谷底寻找由各行星来的陨石，在 1984 年夏季，就发现了 300 余块。艾伦岭陨石，在南极光照射下呈绿色，很特别，在发现者史蔻儿（Score）的心目中留下深刻的印象。返美后，她就将这块陨石命名为艾伦岭 1984 年 1 号，编号 ALH84001，在当年搜集的 300 多块陨石中拔得头筹。

陨石在世界各地的降落量很平均，但降落在南极洲的，因干燥酷寒，感染低，保存状况最佳，是各国寻找陨石的宝库。

ALH84001 经初期鉴定，认为是由 4 号小行星灶神星（Vesta，第三大的小行星，直径 504 千米）来的，没有太高价值，就被冷藏归档。

9 年后，在一个偶然机会，ALH84001 被人从冷藏库调出，与其他陨石做成分对比研究，发现 ALH84001 中含三价氧化铁和二硫化铁，成分与其他已知的 11 块火星陨石接近。“海盗号”后，我们已知道三价氧化铁和二硫化铁是火星红色土壤成分的特色。但这单项数据，无法构成这块陨石是由火星来的“现场证明”，还需要别的证据。

太阳系每个行星的大气成分不同，大气中各类稳定同位素的比例也各异。陨石形成时，都含有密封的小空间，保存着所在地特有大气成分的出生证明。测量陨石所含气体稳定同位素间的比例，也就成为鉴定陨石起源地最直接的方法。在第六章“火星风貌”火星 DNA 一节，作者已列出火星大气中几个稳定同位素的比例，如火星氙-129 对氙-132 的比例是地球的 2.5 倍；氩-40 对氩-38，10 倍；氮-15 对氮-14，1.6 倍。这些数值是火星的遗传基因、指纹，经得起最严格的科学法庭审判。

ALH84001 由几个著名实验室测量结果，稳定同位素的比例与火星大气比例相同，因此证实了 ALH84001 是由火星来的。

21 块陨石

地质学家简称由火星来的陨石为 SNC。SNC 的发音如“思尼克”，由最早 3 块火星陨石降落地点的地名（Shergotty，Nakhla，Chassigny）首字母组成。到 2001 年 1 月为止，包括 ALH84001 在内，人类总共搜集了 21 块[①]。最早的一块于 1815 年在法国发现，最晚的一块于 2000 年 1 月于阿曼（Oman）发现。

在这 21 块火星陨石中，其中 6 块来自南极。9 块重量低于 1 千克，10 块重量在 1~9 千克，剩余 2 块较重，分别为 10 千克和 18 千克。那块 10 千克的陨石，在 1911 年 6 月 28 日降落在埃及的一个小镇那克拉（Nakhla），没伤到人，但砸死了一条狗。

所有火星陨石的成分如玄武岩，由火山熔浆形成。科学家由其中稳定同位素间的比例，验明它们的出生地都是火星。表 9-1 根据发现的时间，列出这 21 块珍贵的火星陨石。

① 请参阅美国国家航空航天局喷射推进实验室的网站，网址为 www.jpl.nasa.gov/snc/。最近，火星陨石鉴定速度加快，1999 年底该网址公布数字为 16 块，截至 2000 年 8 月 31 日，公布总数已达 21 块。

表 9-1　21 块火星陨石

陨石名	发现地	发现日期	重量（克）
Chassigny（C）	法国	1815 年 10 月 3 日	约 4000
Shergotty（S）	印度	1865 年 8 月 25 日	约 5000
Nakhla（N）	埃及	1911 年 6 月 28 日	约 10000
Lafayette	美国	1931 年	约 800
Governador Valadares	巴西	1958 年	158
Zagami	尼日利亚	1962 年 10 月 3 日	约 18000
ALHA 77005	南极洲	1977 年 12 月 29 日	482
Yamato 793605	南极洲	1979 年	16
EETA 79001	南极洲	1980 年 1 月 13 日	约 7900
ALH 84001	南极洲	1984 年 12 月 27 日	1939.9
LEW 88516	南极洲	1988 年 12 月 22 日	13.2
QUE 94201	南极洲	1994 年 12 月 16 日	12.0
Dar al Gani 735	利比亚	1996—1997 年	588
Dar al Gani 489	利比亚	1997 年	2146
Dar al Gani476	利比亚	1998 年 5 月 1 日	2015
Dar al Gani 670	利比亚	1998—1999 年	1619
Los Angeles 001	美国	1999 年 10 月 31 日	452.6
Los Angeles 002	美国	1999 年 10 月 31 日	245.4
Sayh al Uhaymir 005	阿曼	1999 年 11 月 26 日	1344
Sayh al Uhaymir 008	阿曼	1999 年 11 月 26 日	8579
Dho far019	阿曼	2000 年 1 月 24 日	1056

火星陨石目前的市价为每克 5000 美元，约为黄金价格近百倍。1999 年鉴定的洛杉矶 001 号和洛杉矶 002 号两块火星陨石，早在 1979 年即于美国莫哈未（Mojave）沙漠发现，发现者沃利绪（Verish）以 25 克陨石的代价，议妥由加州大学洛杉矶分校（UCLA）实验室验明正身。

除 ALH84001 外，其他陨石的年龄多在 1.7 亿 ~ 13 亿年。ALH 84001 的年龄有多大呢?（注：至 2019 年 1 月为止，在地球收集到的火星陨石已达 224 块，有兴趣的读者请参阅：https://en.wikipedia.org/wiki/Martian_meteorite）

定年

决定陨石的年龄，一般以放射性同位素的半衰期（half life）为尺度来测量。一种原子的各个同位素，所含中子数目不同，但质子数目固定。原子的化学特性（在周期表上的位置）皆由质子数（或外围等数的电子数）来决定。

放射性同位素与稳定同位素不同。稳定同位素形成后，中子和质子数目不再变化，在周期表上位置不再变动。放射性同位素则不然，中子可衰变成质子和电子（中子比质子重），使它变成周期表上别种元素。例如碳有稳定同位素碳-12（6 个质子、6 个中子）和碳-13（6 个质子、7 个中子），碳-14（6 个质子、8 个中子）则为放射性同位素，可衰变成稳定同位素氮-14（7 个质子、7 个中子）。

在一大堆放射性碳-14 原子核中，一半原子核衰变成同位素氮-14 所需要的时间，称为半衰期。放射性碳-14 的半衰期为 5730 年。举个例子，活的树木放射性碳-14 的含量不停更换，但与别的同位素比例仍维持不变。树死后，放射性碳-14 来源枯绝。在半衰期 5730 年内，一半的碳-14 原子（母元素）会变成稳定的氮-14 原子（子元素）。

在一块木材化石中，如果我们量到碳-14 这母亲原子数与氮-14 这儿子原子数目一样，就能肯定地说，这块木材已经死了 5730 年。如果儿子原子数是母亲原子数的 3 倍（即母亲原子数只剩下 1/2×1/2=1/4；儿子原子数则累积为 1/2+1/4=3/4；子为母的 3 倍），木材年龄则为两个半衰期，5730×2，为 11 460 年。如儿子原子数是母亲原子数的 7 倍（母：1/2×1/2×1/2=1/8；子：1/2+1/4+1/8=7/8；子为母的 7 倍），则为 3 个半衰期，5730×3，为 17 190 年，等等。举一个实例：吐伦（Turin）布巾被认为是耶稣死后缠身的“神器”，天主教会严密收藏数百年，20 世纪 80 年代经碳-14 鉴定，布巾年龄仅 700 岁，是赝品。

同样的，放射性钾-40（19 个质子、21 个中子）衰变成稳定同位素钙-40（20 个质子、20 个中子）的半衰期为 12.5 亿年。放射性铷-87（37 个质子、50 个中子）衰变成稳定同位素锶-87（38 个质子、49 个中子）的半衰期为 488 亿年。各种不同长短的半衰期就被地质学家拿来测定岩石、陨石、地层等年龄之用。

最出名的一块陨石

以放射性铷 -87 来测量 ALH84001，得年龄 45 亿年。这个年龄比其他的火星陨石至少年长 3 倍多。“阿波罗”计划中从月球取回的最古老的岩石为 42 亿年，地球上发现最古老的岩石为 38 亿年。这个 45 亿年的年龄公布后，ALH84001 晋级为人类库存 22 000 块陨石中资格最老的陨石。

以放射性钾 40 来测量 ALH84001，得年龄 40 亿年和 36 亿年。再换一种放射性同位素测量，又得到 1500 万年和 1.3 万年的年龄。由这些年龄数字，天文地质学家摸清楚了 ALH84001 的生命历程：45 亿年前，火星已经开始冷却，有块石头形成了。在陨石如雨的年代，这块石头竟能安稳地过了 5 亿年，才被另一个高速飞来的陨石撞了一下，石头一角被高热熔化后，又凝固。在熔化又凝固的部分，本来存在的小密封空间被打开，旧的母女气体比例流失，被新鲜母亲气体取代，再密封。以专家术语形容，则是放射性计时时钟被“归零”，所有同位素间母女比例从头开始。

在 36 亿年前，陨石内的球状碳化物开始形成。时间继续往前流，到了 1500 万年前，一块巨大的陨石钻到火星地底下爆炸，把这块石头崩离火星，进入太阳轨道。在太空中，没有火星大气遮掩，大量宇宙射线打入这块石头，造成一些人类能以理论预测到的一些新的同位素。由这些同位素的比例，我们可以算出这块石头被宇宙射线打了大约 1500 万年。这好比一个人穿 10 层干衣服下了公共汽车，在雨中跑步回家，我们预先知道每分钟雨水会湿透一层，跑到家一看，湿了 5 层，我们就能算出他在雨中跑了 5 分钟。

1.3 万年以前，这块陨石的轨道与地球相会，在穴居人类的夜空，划出一条美丽的轨迹，陨落在南极洲大陆。1984 年，被美国国家航空航天局的陨石搜索队在艾伦岭捡到。

1.3 万年是由宇宙射线所激发的放射性元素的衰变计算出来的。这好比衣服湿了 5 层到家，进了房间，雨水不再往衣服上落，衣服开始逐渐变干，我们预先知道每干一层需一小时，如果只干了 3 层，就算出我们已到家 3 个钟头。陨石进入大气后，宇宙射线被挡住，1500 万年中激发出来的放射性元素比例不再增加，反而开始衰变，由母亲和儿子元素间的比例，就可算出 1.3 万年。

“海盗号”探测过后，各类数据显示，火星在 35 亿年前与地球自然环境相似，地表温湿，火山活跃，硫黄漫流，古菌也应有机会起源、演化。其他所有火星陨石，年龄在 1.7 亿～13 亿年，太年轻，够不着 35 亿年前火星生命可能活跃时期。现在，ALH84001 竟然涵盖了那个久远的生命起源年代，它的科学价值即刻直冲云霄，成为超级巨星、人类有史以来最出名的一块陨石（图 9-2，图 9-3）。

图 9-2　1984 年 12 月 27 日，美国国家航空航天局在南极洲的艾伦岭（Alan Hills，ALH）附近，发现了一块陨石，长 15 厘米、宽 8 厘米，重约 2 千克，编号 ALH84001（Credit：NASA）

图 9-3　锯开后的 ALH84001，以放射性钾 -40 测量，得的年龄至少为 36 亿年，涵盖了生命起源年代。它的科学价值即刻直冲云霄，成为人类有史以来最出名的一块陨石（Credit：NASA）

生命迹象

要决定一块陨石内是否含有生命，首要之务是要隔绝地球感染。ALH84001在艾伦岭冰上被发现后，史蔻儿和她的七人小组先在陨石边插上小旗，再严格执行使用多年、证明绝对可靠的防止感染步骤，拿出在美国就已准备好了的消毒工具，将这块陨石装入无菌塑胶袋内，放入干冰冷冻箱。运回美国后，再置入氮气干燥器脱水、库存。以后整个化验过程都是在无菌高真空下，由机器人执行的。陨石在发现后没有被感染的可能性。

生命迹象可由几个方向寻求。

第一，最直截了当的是看到成堆的细菌在陨石深处活蹦乱跳，繁殖演化。这种情形，就如看到火星人向人类频送秋波，或是在犯罪现场当场抓住作案者一样，可能性极微，纯属幻想。

第二就是在陨石里找到火星细菌残骸，像是谋杀案发后，找到尸体。杀人案一天数起，杀人容易，尸骸难藏，找到遗尸，一般不难。

第三是看到生命留下的痕迹，如大军过夜，安营扎寨，埋锅造饭，洗澡如厕。离境后，废垒空壕，狼藉一片，遗迹清晰易察。

最后就是寻找生命赖以生存的有机物质环境。有机物质不代表生命，但生命一定得与有机物质共存，有机物质的存在是生命存在一个强有力的旁证。

ALH84001被机器人锯开后，在百万倍电子显微镜下观察，发现内部满布呈球状的碳化物，球的直径在100 ~ 200微米（百万分之一米为1微米）之间，是头发粗细的2 ~ 4倍。球内部呈橘红色，外部白色，交界处有一圈黑色物质（图9–4）。在球黑、白交界的外缘，有许多呈卵圆形的物体，最大的长0.2微米，约是头发粗细的0.4%，粗0.02微米，大部分的卵圆形物体比这个体积还小许多，堪称纳米化石（nanofossils，图9–5，nano为十亿分之一）。

图 9-4　在百万倍电子显微镜下观察（Credit：NASA）

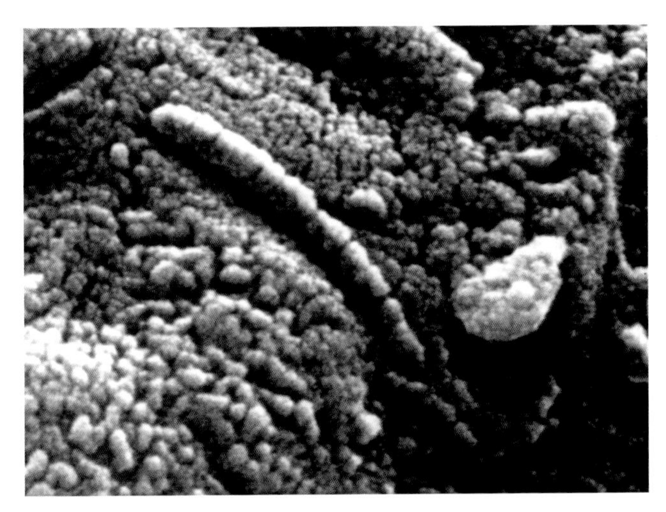

图 9-5　在图 9-4 球状的碳化物黑、白交界的外缘，有许多呈卵圆形的物体（Credit：NASA）

以放射性铷 -87 来测定球状碳化物和卵圆形物体的年龄，大部分为 36 亿年，最年轻为 13.9 亿年，包容了火星生命起源的年代。

卵圆形物体的形状有如人类熟知的杆菌，但体积相当于地球杆菌的 1/10。然而，形状本身并不代表它们就是火星杆菌的尸体化石，还要有其他证据，才能使人信服。

进一步分析发现，在球状碳化物内含有数种磁性矿物质，与地球各类含磁铁细菌（magnetotactic bacteria）体内成分相似。许多生物得依赖分辨上下方向的本能，才能生存，如鱼的浮漂，使鱼能浅水打食，深水逃命。自然界食物常呈上下分布，在细菌世界亦然。地球含磁铁细菌体积细小，无法以重力场区别上下，于是自身制造出一种铁蛋白（ferritin），功能如指南针，借以分辨高低方位。

在球状碳化物内卵圆形物体周围发现了磁性矿物质，与带磁细菌大军过境后留下的现场证据吻合。但这并不是唯一可行的解释，非生物的化学反应也能形成类似环境。

反对者指出，地球细菌使用磁场分辨上下，说得过去，但火星目前地磁微弱，仅为地球的万分之一，火星细菌为什么要辛辛苦苦发展出一套并不十分有效的导航系统？火星的地心铁浆，在远古以前，不是不可能和地球一样，流动不停，产生的磁场也可能大很多，但反对者意见也言之有理。

萨根说得好："要做惊世的声明，必得有惊人的证据。"（Extraordinary claims require extraordinary evidence.）宣称火星有生命是惊世之举，但还得继续搜集其他惊人的证据。

陨石中的惊世香味

ALH84001 生命研究小组以美国国家航空航天局的麦凯（David McKay）为主要研究员，他下一步决定过滤陨石内所有的有机物质。

有机物质的鉴定可能是整个研究计划中最困难的一部分，主要原因是实验样品不能与任何化学药品接触。最后用的方法是以激光能量将表面些许物质在高真空中加热气化，产生离子化带电气体，然后在气体两边加上电场。在带电量相同的情况下，质量轻的分子在电场里跑得比质量重的分子快，先打上电极板。从带电量和行进时间，就能决定分子的质量与种类。这种物质定性分析技术无感染、鉴别力强。

分析结果，在球状碳化物外缘黑、白交界处，含有数类多环芳香烃（polycyclic aromatic hydrocarbons，PAHs）。多环芳香烃是生物材料高温分解后释放出的芬芳气体，拥有“一家烤肉家家香”那种受欢迎的味道。

ALH84001 的多环芳香烃分子，分布在球状碳化物内，尤其高度集中在黑、白交界的卵圆形结构附近。在地球，有生命之地，就有多环芳香烃。ALH84001 的分析结果与地球的经验相符合。但反对的人指出，多环芳香烃也出现在没有生命之地，如星尘、古老陨石和行星轨道间的灰尘之中。

在 ALH84001 陨石中发现的卵圆形纳米化石、数种磁性矿物质和多环芳香烃有机物质，并不能直接证明是火星生命活动的遗迹。但这么多与生命活动符合的旁证同时出现，也不容忽视。

麦凯和他的九人小组最后决定向《科学》期刊提出 3 年来研究成果的论文报告：《追寻火星过去的生命——火星陨石 ALH84001 可能含有的生物活动遗迹》[①]，并要求“秘密”评审。《科学》期刊同意了，这恐怕是科研论文发表过程破天荒之举。

经过三个多月的秘密评审，《科学》期刊决定在 1996 年 8 月 16 日发表这篇论文。

8 月初，美国国家航空航天局接到情报，数家媒体已探听到此事，可能很快披露这项“惊世”秘密。美国国家航空航天局快马加鞭，即刻决定抢先在 8 月 7 日华盛顿总部举行新闻发布会，总部工作人员接到“请不要到现场旁听”的通知，闭路电视将做实况转播。

全世界科学记者准时抵达总部后，白宫照会，克林顿总统要先公布这项消息，请美国国家航空航天局少安毋躁，将记者招待会延后 1 小时（图

① 论文的英文题目为“Search for Past Life on Mars：Possible Relic Biogenic Activity in Martian Meteorites ALH84001”，David McKay *et al*; *Science* Vol. 273，924–930，16 August 1996.

9-6）。当时，作者已在美国国家航空航天局总部工作9年，这还是第一次，白宫实在忍不住了，会跟一个下属部门抢风头。

图9-6 美国国家航空航天局于1996年8月7日在华盛顿总部举行新闻发布会，展示ALH84001陨石，并公布火星陨石可能含有的生命遗迹。主要研究员麦凯（David McKay）坐在中央，面对记者群，接受采访（Credit：NASA/Bill Ingall）

英国科学家在1998年底，发表对火星另一块陨石EETA79001的检验结果，发现陨石内所含碳-12与碳-13稳定同位素间的比例，与地球生物体内相同，这又多出一项旁证。EETA79001是1980年初在离艾伦岭不远的大象冰碛地（Elephant Moraine）发现的。

目前认为，ALH84001并未证明火星有过生命，但众多旁证，不能忽视，尤其杆菌状卵圆形物体，更需深入追踪研究。卵圆形物体最大问题是体积太小。这么小的结构，能支持基本的生命活动吗？

生命体积极限

ALH84001 卵圆形物体发现后，美国国家航空航天局要求国家研究委员会专题讨论“极小微生物的体积极限”①。美国国家研究委员会召集了 18 位顶尖学者，于 1998 年 10 月下旬在华盛顿开了 3 天工作会议。一年后，向我部门副署长提出报告，作者躬逢其盛，与会聆听，受益匪浅。

这个专案小组问了三组问题：

第一，什么是在地球上能观察到的最小微生物？以地球生物化学和物理机制，从理论上推算，能小到什么程度？

第二，如果外层空间生命不受限于地球生物化学和物理机制，能小到什么程度？

第三，人类如何能认识与地球生命形式不同的外层空间古老生命？

专案小组对第二、第三组问题，无法达成共识。但对第一组问题，因为有地球丰富的微生物临床经验，所有专家全数投票通过报告结论，达成圆满共识。

人类熟悉的大肠埃希菌（Escherichia coli，E coli）是研究微生物体积极限绝佳的起点。大肠埃希菌生活在哺乳动物温暖潮湿、营养丰富的肠壁中，有完整的生物化学和物理机制，是一个地地道道的自由营生细菌生命。

大肠埃希菌有强健的新陈代谢机能，即使在哺乳动物的体外，也能生长繁殖。它能生活在无法支持人类生命、异常稀释的糖和盐分液体里，甚至在液体中的糖分被醋酸取代后，也能继续存活。这些迹象表明，大肠埃希菌的结构比只求生存的细菌要复杂、豪华。

大肠埃希菌一般呈圆柱状，大小为 2 微米长、1 微米粗，约含 4288 种蛋白质，1200 种基因，750 种无机分子。水占总重量的 70%。

① “Limits of Very Small Microorganism.” Proceeding of a workshop，National Research Council，National Academy Press，Washington，D. C. 1998.

专家认为，水为生命工作液体，一般以体重的70%为准，减少不了。而各种无机分子的总体积与分子数目成正比，增减不易。但是，生命的各类蛋白质功能常有重复，如大肠埃希菌共约有500万个蛋白质分子，每类蛋白质平均有1000多份复本，在营养不足的恶劣环境下，蛋白质数量应可大幅度削减。基因为双螺旋结构，减少基因数目而仍然维持起码的生命功能，也是允许的。

降低蛋白质和基因数量后，生命新陈代谢机能一定会随之变慢。我们目前的标准是，生命繁殖的速度多慢都没有关系，只要是活的就成。地球上有这类微生物吗?

地球上的霉浆菌（mycoplasma）体积约为大肠埃希菌的1%，如溶尿霉浆菌（M. genitalium），是哺乳动物泌尿生殖道上的寄生菌，含471种各类基因和蛋白质，是目前专家公认的最小自由营生微生物。与大肠埃希菌比较，它的自身生理功能几近于“残废”，许多新陈代谢所需的有机分子或缺，只能在寄生的环境中蹭取，或以群居方式，互补有无。这种细菌无法单独或脱离寄生环境生存。

根据一般观察，地球最小的菌类都是因适应周遭恶劣环境而变小的。近代基因工程专家，一直努力在极热或极冷地带，寻找各类超微小菌类，作为基因工程实验材料。

滤过性病毒（virus）一般在细胞内复制，不是自由营生个体，不在考虑之列。

结论是：地球最小的菌类含450 ~ 600种基因，使用传统生物物理化学程序，新陈代谢能力有限，需要从寄生环境中摄取大量生命养分。

纯就理论而言，当基因数降到1时，如果生命仍然能存在，则生命体积应为最小。但分子生物学有个中心法则：“一基因，一蛋白质胜肽链。”[①] 也

① 在人类基因解读计划完成后，这个中心法则受到挑战。

就是说，如果只有一个基因，只能产生一种蛋白质，而非产生数种。只靠一种蛋白质，就能维系生命，那是难以想象的。所以，如果宇宙间真的有单基因生命细胞，则许多这类细胞必定得形成一个共生体，并且每个细胞的单基因结构不同，各自产生不同种类的蛋白质。另外还有一个重要条件，就是每个细胞的单基因能进出细胞壁，“漫游”到别的细胞中，协助复制生命所需的各类蛋白质，互通有无，很像是一个群居的“细胞公社”。

这类单基因生命在复制蛋白质的过程中，如果一切顺利，则没问题。一旦唯一基因原版，因辐射线或其他原因，发生突变，则演化路途受阻，细菌生命崩溃，瞬时绝种，进而导致“细胞公社”全体灭亡。所以，遗传基因数为 1 的生命极不稳定，两细胞可能在发展初期就得合而为一，增加后备零件，以加强生存竞争的能力。

但如果这类单一遗传基因生命真的存在，它的体积可能就是理论值的下限，约为直径 50 纳米。

专家一致同意，如果外层空间细菌仍使用地球熟知的生物物理化学程序，生命可小至仅包含 250 ~ 400 种基因，体积直径应在 250 ~ 300 纳米。

掀起寻找极小生命的热潮

火星卵圆形杆状物体，最大的长 200 纳米，粗 20 纳米，大部分的杆状体比这个体积还小许多，与地球最小的生命比较，体积不及 1%。即使以地球理论体积下限 50 纳米直径为依据，火星杆状物体也不到 10%。

但火星的生命环境可能比地球恶劣十倍，并且火星生命也不一定要按地球的牌理出牌。目前人类尚无法定论，我们在高倍显微镜下看到的卵圆形杆状物体，是否为火星生命的化石遗迹。火星生命存在与否，是目前学术界一个热烈辩论的话题。

美国国家研究委员会的报告代表学术界传统的看法，立场倾向保守。

1993 年，科学家曾经在地球的岩石和矿物中发现纳米细菌（nanobacteria），芬兰科学家侦测到在人类的血液、胎盘和肾脏中也有纳米细菌，并认为这类纳米细菌能促成肾结石。

1996 年，某石油公司在澳大利亚西海岸海床下 5 千米处，自然环境为 2000 大气压、温度介于 115 ~ 170 摄氏度，取得一块沙岩样品，年龄在 1.5 亿~ 2.0 亿年，形成期在三叠纪到侏罗纪。石油公司请澳大利亚生物学家尤温斯（Uwins）检验。她将这块样品放在无氧的 1 大气压、22 摄氏度的实验室环境，以百万倍电子显微镜观察，发现一类活跃的纳米细菌，呈线状，大小在 20 纳米到 150 纳米，繁殖迅速。切开后，可见内、外壁膜，含丰富碳、氧、氮等生命元素。她还以着色技术确定含有遗传基因。

纳米体积的物体，很难分辨是“生物”或是“物理”生长。一般非生物晶体材料，经由原子间的亲和力，也可以长成纳米胡须。尤温斯寻求各类非生物解释，不果。1998 年底，她在《美国矿物学家》（*American Mineralogist*）期刊上发表了初期研究成果①，接下去她就要直接决定这类纳米细菌的 DNA 序列，找出它在地球亲缘生命树上的位置。

美国国家研究委员会报告中定出的生命体积理论下限，为直径 50 纳米。尤温斯和其他生物学家却一再发现比这个理论下限更小的生命，和 ALH84001 陨石中的卵圆形物体接近。但传统学派不以为然，尚持观望态度。

ALH84001 陨石中纳米化石的发现，掀起了人类寻找极小生命的热潮。在地球，生命几乎无所不在，其韧性远远超出我们最疯狂的想象力。也许，生命的确在宇宙间每个角落都有。和澳大利亚西海岸海床下 5 千米处的生活环境相比，火星的地下生活条件可能并不那么差呢！

---

① “Novel Nano-Organism from Australian Sandstone”, Uwins PJR et al; American Mineralogist. 83:（11 ~ 12）1541 ~ 1550, part 2 Nov ~ Dec 1998.

火星生命在哪里?

目前人类对火星生命模式，可从三方面理解。

第一方面，在火星形成后的10亿年中，自然环境可能促成生命起源。后来环境每况愈下，生命再挣扎了十余亿年，终于全面绝种，只留下化石遗迹。

第二方面，火星生命也可能在起源后继续演化，适应环境，深入地下水源，繁殖生长，或长期冬眠潜伏，伺机再出。

第三方面，火星生命可能从未成形就胎死腹中，只留下一些氨基酸化学分子演化的蛛丝马迹。

当然，火星也可能从头就干干净净，与生命无缘。现在如果能证明火星上没有生命，得益者是纳税人，省下一大笔探测火星的经费。但作者保证，省下火星的钱，会加倍花在木星的木卫二（Europa）和木卫一（Io）卫星上，因为它们更远，往返更难。

总而言之，人类对火星生命发展史的来龙去脉，目前还处于一个相当无知的年代。这本书洋洋洒洒走笔到此，我们并不知道是否是无的放矢，或是对月空吠。我们只能臆测，如果火星现在尚有生命的话，它们最可能生存在什么地方呢?

火星有巨大的火山，火山底部可能尚有余热，火星又有大量地下冰源，两个条件放在一起，火星可能还有地底温泉。温泉环境湿热，又可能有硫黄“粮仓”，是类似地球古菌类的生存场所，这最可能是火星细菌生命生长繁殖的温床（图9–7）。

陨石风暴后，火星地热丰富，大气厚实，湖泊广布。此时形成的湖底沉积层，如水手号谷内的深壑地层，应是细菌生命的最爱。现在虽然早已斗转星移，海枯石烂，但仍应该是化石细菌生命的藏匿之地。

图9-7 火星诺亚高地（Noachian uplands，S20/W187）的古火山，火山口直径8千米，是火星细菌生命可能生长繁殖的场地（Credit：NASA/JPL/李佩芸）

火星开始冷却后，永冻层逐渐形成。但火星没有巨大的卫星来平衡自转轴，自转轴每50万年会有60度的变化。永冻层底部会有赤道液态水流入，以理论计算，能维持液态水存在数亿年。作者在第八章“诺亚洪水”火星的秘密一节指出，目前火星的冰层都在高纬度，赤道带极度脱水，高纬度冰层底部可能有淙淙细流的地下小溪，那可能是火星生命的藏身之地。

火星肯定还有更多的生命热点，只是人类目前数据贫瘠，仍需努力搜集。

目前人类虽然拥有224块火星陨石，并在ALH84001和EETA79001中发现符合生命存在的痕迹，但我们实在有必要由火星直接取回一块岩石和一铲子土，做更深入的分析。

人类计划在未来送宇宙飞船去火星登陆，挑选一块重约 1 千克的岩石运返地球。这项计划的主要参与者为美国国家航空航天局、欧洲航天局、法国、意大利等航空航天机构。这项计划将耗资 20 亿美元，相比之下，寻得 ALH84001 的总费用约 100 万美元。由火星直接采样岩石，是寻获 ALH84001 陨石费用的 2000 倍。

甲烷

21 世纪新火星寻找生命策略，就是“跟着水走”。“跟着水走”的策略要服从严谨的科学规律，按部就班地一步一个脚印往前走，最终胜算的可能性大，也是人类交了几百亿美金的学费后，学到的刻骨铭心的教训。但人类很难忘怀几百年来直接找到火星生命的幻想，所以“火星有生命！”的消息时有所闻，继 1996 年和 1998 年火星陨石生命新闻发布会后，2004 年欧洲“火星快车”的科学家又宣布他们在火星上发现了甲烷。

甲烷是一个重要的生命新陈代谢气体，但也可能来自无机体源头。地球大气中的甲烷，约有 37% 来自牛、猪、羊、鸡等家畜禽。火星大气稀薄，太阳能量长驱直入，可以在短时间内把甲烷分解。所以，如果在火星上发现持续存在近数十年的甲烷，就可推论这类甲烷气体可能来自火星生命不断的新陈代谢机能，形成了向火星大气提供甲烷的供应链。如果这个观测属实，火星上必有生命无疑。

通常这类惊天动地的发现，除了背后需要有坚如磐石般的数据支撑外，也需要一位著名的科学家挺身而出、义无反顾地指天宣布：“这就是证据！”。但火星发现甲烷的数据，因“火星快车”的“质谱仪”的精确度与这个黄金标准之间还有着巨大的差距，这则新闻在最后时刻决定取消发表。

2014 年以后，“好奇号”侦测到甲烷的讯息时有所闻，但每次得到的数值，随着“好奇号”漫游小车时地的不同，皆有变化。甲烷在火星上行为诡异，目前仍在密切观察中。

所以，一直到 2020 年年初，人类尚未在火星上直接找到现在或过去的火星生命痕迹。“跟着水走”还是人类目前侦测火星生命的主要路线。

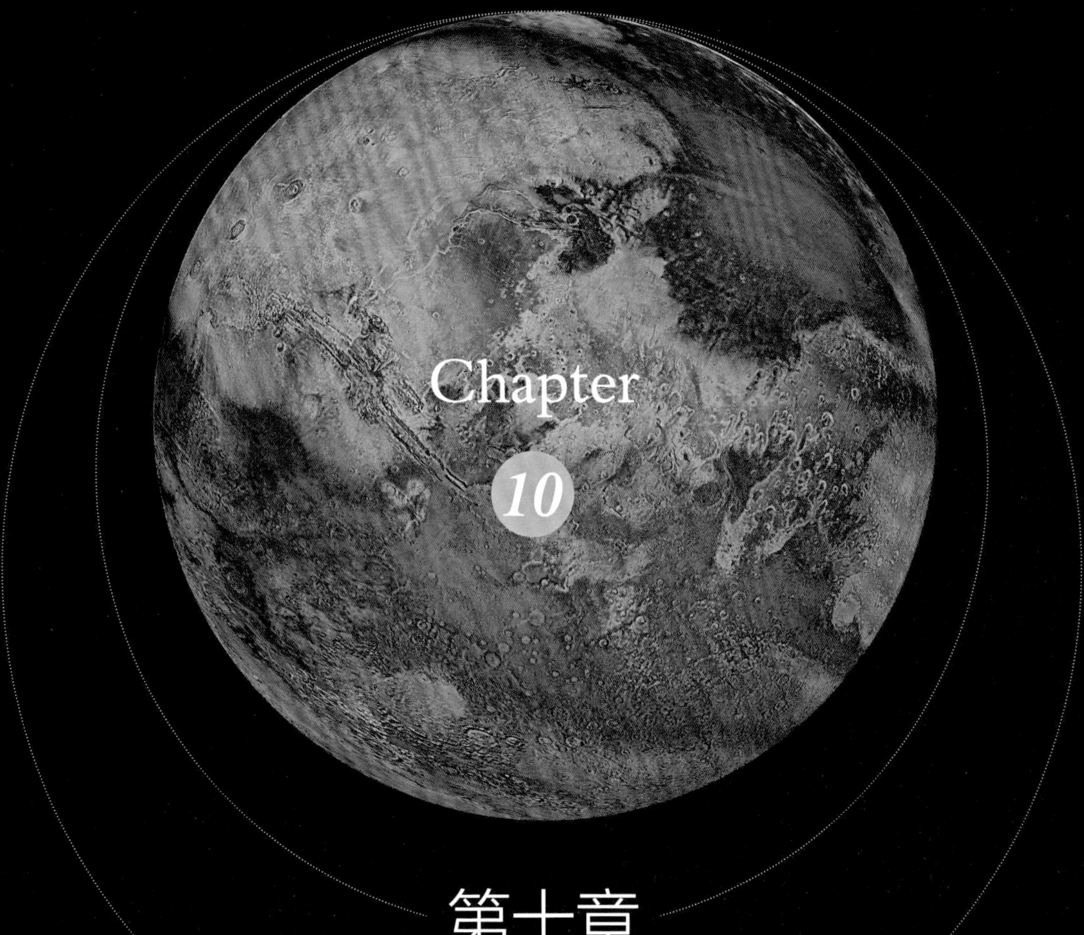

Chapter 10

第十章 往返火星

“水手九号”发现了巨大的洪水冲积地形后，我们迫不及待地送出“海盗号”，天真地以为一登陆，就能找到外层空间生命。遥测生命太困难，不管实验仪器设计得有多复杂，对于诸多实地情况，实验条件并不能即时反应、修正，缩紧结论。更何况人算永远比不上天算，自然生命的点子层出不穷，无知的人类要足不出户，就知宇宙事，这想法过于乐观。

ALH84001 列出凿凿旁证，向人类提出火星也曾有过生命的强烈暗示，但关键的问题是，即使在 ALH84001 找到确切生命证据，也可能是一本算不清楚的账。反对的人可指出，ALH84001 在南极躺了 1.3 万年，谁知道有没有被地球细菌感染？用氨基酸左右偏光特性来决定感染，也讲不清楚。地球生命使用“左撇子”氨基酸，看到左旋氨基酸就一定是被地球感染了吗？难道“左撇子”氨基酸是地球专利，外层空间生命就不能用吗？

话说回来，如果火星生命也用左旋氨基酸为建材，我们难道就永远不能在地球下结论，火星有生命，也是左旋的？

去火星拿一块石头和一铲子土，回到地球实验室化验，已到了势在必行的地步。

双程

到目前为止，人类所有去火星的宇宙飞船都是有去无回。单程列车所需技术并不简单，但比起双程旅程设计，差别有如小巫见大巫，不可同日而语。

从最简单的讲起。在第三章“一飞冲天”，宇宙飞船在地球落后火星 44 度时出发，沿着霍曼转移轨道航行 259 天、180 度后，在火星与地球出发位置呈“合”时降落。地球在 259 天内走了 $360 \times 259/365=255$ 度，火星走了 $360 \times 259/687=136$ 度。宇宙飞船在火星登陆时，地球已赶在火星之前 $255-180=75$ 度，火星被抛在后头。当然也可以说，火星此时领先地球 $360-75=285$ 度。

要想用霍曼转移轨道由火星回地球，火星要在太阳轨道上等地球由后面追上来，在落后火星 360×259/365−180=75 度时出发。火星不停地往前走，地球以 1.88 倍的速度在后面追，从在火星降落的日子起算，地球运行到落后火星 75 度的位置时，已经赶出 285−75=210 度。地球每 779 天比火星多走出一圈（或是 360 度）。210 度需 779×210/360=455 天。所以，在火星地表停留 455 天后，火星和地球的位置再次摆对，发射窗口开放。从火星出发 259 天后，地球在火星出发 180 度外“合”的位置与回程宇宙飞船会合（图 10−1）。

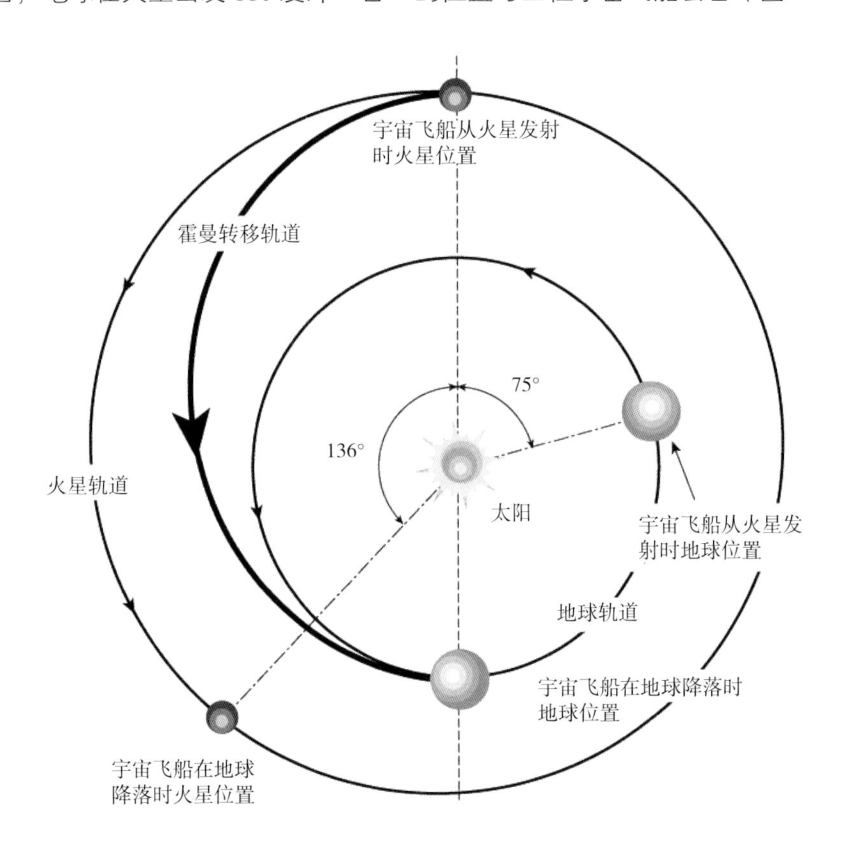

图 10−1　由火星回程的宇宙飞船要在地球落后火星 75 度时出发，进入霍曼转移轨道，才会刚好在 259 天后赶到太阳对面与地球会合。地球落后火星 75 度时，火星的发射窗口开放

如果有一天航天员在火星登陆，恐怕每天最重要的事情就是测量火星与地球的相对位置。在火星太阳下山时，地球出现在黄昏的天空，在日光大气散射下呈淡蓝色。航天员拿出航海的六分仪（sextant），瞄准地平的太阳和火星夜空中的地球，如果读数是 33 度，是火星一太阳一地球呈 75 度的位置，回家的时候到了（图 10-2）！33 度这个数目字要使用高中学到的三角和反三角，由火星一太阳一地球呈 75 度的位置计算出来，不难，在此略。

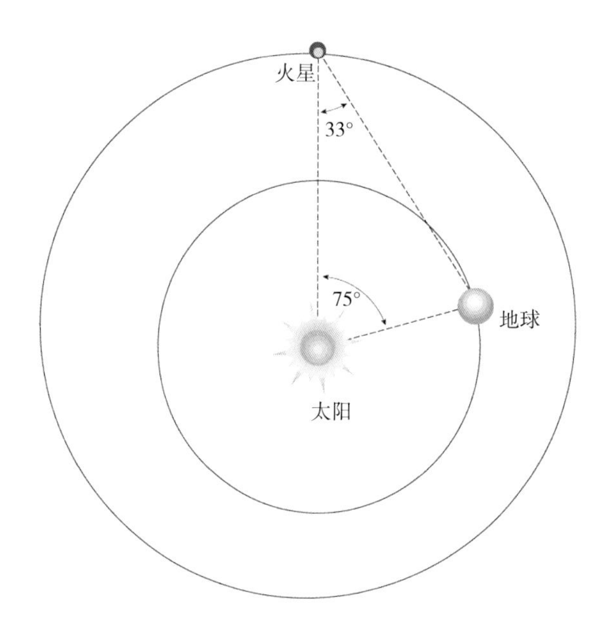

图 10-2　在火星黄昏日落时，登陆火星的航天员以六分仪测量地球在火星夜空的仰角。如果是 33 度，则是地球落后火星 75 度的位置，发射窗口开放，航天员回家的时候到了！

从火星回地球的发射窗口是火星领先地球 75 度的时刻。若没赶上这个发射窗口，就还要在火星上等 780 天，后果严重，不堪设想。

作者现在以 2003 年 8 月 28 日地球一火星大“冲”日为起点，列出火星宇宙飞船双程旅途的重要时刻表：

表 10-1 火星宇宙飞船双程旅途时刻表

起算日	大“冲”日	2003 年 8 月 28 日
从地球出发	684 天后，地球抵达落后火星 44 度位置	2005 年 7 月 12 日
在火星降落	在霍曼转移轨道上航行 180 度，259 天	2006 年 3 月 28 日
火星停留	455 天，进行科学探测，机器人取样，等待发射窗口开放	
从火星出发	地球已赶到落后火星 75 度位置	2007 年 6 月 25 日
抵达地球	在霍曼转移轨道上航行 180 度，259 天（任务周期：259+455+259=972 天，或 2 年 8 个月）	2008 年 3 月 10 日

在第三章“一飞冲天”也提到，由地球到火星是爬坡。宇宙飞船向东发射后，进入低地球轨道，然后加速，沿地球在太阳轨道运行相同的方向脱离地球。进入太阳轨道时的速度为每秒 33 千米，高于地球在太阳轨道上每秒 30 千米的速度。从火星回地球是下坡，宇宙飞船脱离火星后，由开普勒第二定律计算出来的回程太阳轨道的速度为每秒 21 千米，比火星太阳轨道速度每秒 24 千米低。所以，宇宙飞船要沿火星太阳轨道相反方向脱离火星。脱离火星后，略微加速，进入回程的霍曼转移轨道。

这两种发射情形，犹如我们把一枚棒球从高速奔驰的火车上，由前后两个方向投出。对火车上的人，棒球是以前、后两个方向脱离火车，但对一个火车外静止的旁观者来说，棒球都是往前飞，只是一快一慢而已。

相同的，对太阳而言，宇宙飞船以反方向脱离火星后，宇宙飞船还是沿着与火星太阳轨道同方向的霍曼转移轨道前进，最后与地球会合。

“合”“冲”任务之争

以霍曼转移轨道往来火星，通称为“合”级任务，因为宇宙飞船走 180 度半圆，最省燃料。在霍曼转移轨道上的宇宙飞船，可加速成“特快”，一般将 259 天缩短至 180 天不难，节省下来的 80 天可增加在火星上停留的时间至 530 天，但仍然需在火星上等到发射窗口开放后，才能离境。所以，“合”级任务周期可缩短 70 ~ 80 天，总共 900 天左右。（注：双程皆“特快”，理论上最多可省出 160 天，但需大量额外加速和刹车燃料。去程出发前在地球加足额外燃料较易，回程由火星出发时，较难。所以在此只估计节省去程的 80 天。）

900 多天的任务，对机器人而言，轻而易举。虽然一般而言，任务周期愈短，任务安全系数愈高，成本也愈经济。但如果我们要送人上火星，任务周期的长短则分秒必争，以增加航天员生命安全、身体健康系数。

火星双程任务的长短，取决于从火星回地球的发射窗口。“合”级任务发射窗口弹性不大，挤不出太多时间。另一大类的任务可统称为“冲”级任务，与“合”级任务相比，“冲”级任务的发射窗口一般在登陆后 30 天内就开放，不必在火星等上 450 多天。但这类任务要借助太阳系内圈的金星“重力助推”（gravity assist），才能与地球会合、回家。“冲”级任务的转移轨道近于 360 度，宇宙飞船需 400 多天才能走完。但全部任务长度仅 600 余天，比“合”级任务缩短达 10 个月之多。

“冲”级任务的回程，宇宙飞船要走近于 360 度转移轨道，是“合”级任务的两倍。可以想象，宇宙飞船在回程转移轨道上速度快，转向急，非得借助于在太阳系内圈金星的重力助推，高速转向，才能上坡滑回地球（图 10-3）。

重力助推是宇宙飞船在太阳系中航行的一个重要概念。行星在轨道上快速绕日公转（金星每秒 35 千米），宇宙飞船接近行星时，进入行星重力场，开始向行星坠落。行星好像以一根弹力强大的橡皮筋套住宇宙飞船，拉住它一起快速绕着太阳跑。当宇宙飞船以切线飞越行星时，行星像是弹弓一样，将宇宙飞船以一定的角度由另一方向甩射出去，达到不费燃料就能加速并急转弯的目的。

最恰当的比拟就是把弹珠丢向一个高速旋转的风扇，弹珠碰上风扇边缘，从不同的方向被激射出去，弹珠的速度也倍增（这个实验很危险，请读者不要在家里做）。

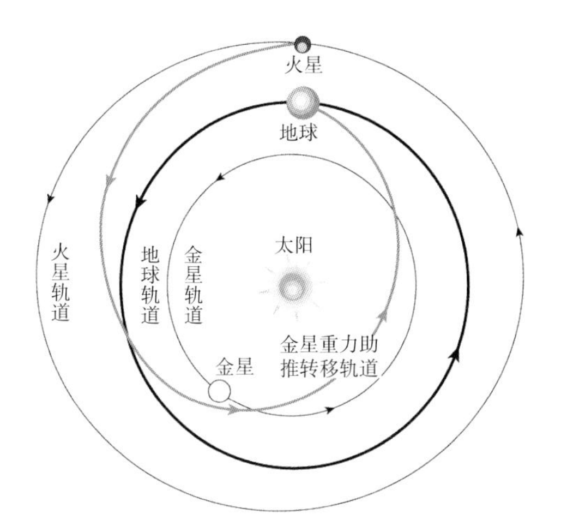

图 10–3　“冲”级任务，金星重力助推转移轨道示意图。宇宙飞船从火星出发后，中途经金星重力助推，转向并取得回程速度，上坡滑行，在地球与火星在宇宙飞船出发时的位置呈“冲”时，回到地球。

每次行星重力助推宇宙飞船，宇宙飞船的速度就会增加，动能也增加。相对地，行星速度要减低些，总动能也降低。但和宇宙飞船比较，行星巨大无比，所耗能量如太平洋中的一滴水，在太阳系毁灭前都不会发生问题。

“冲”级任务花 95% 的时间在路上，在火星地表时间短，并需从金星处取得回程动能。宇宙飞船向金星航行，逐渐接近太阳，太阳威力大增，一些经常偶发的“太阳粒子事件”（solar particle events，SPE），携带了大量的辐射能量，对航天员会造成生命威胁，这是“冲”级任务最大弱点之一。“合”级任务仅耗费约 50% 的时间在路上，可在火星上进行仔细的科学探测。但停留时间长，危险性相对增加，是“合”级任务的顾虑。

送人上火星，遥遥无期，“合”“冲”之争，仅是人类火星探测论战中的一环，许多技术问题，例如如何保护航天员不受宇宙辐射线伤害、在火星上“就地取材”策略、回程燃料制造、如何对付火星“尘暴”等，都还在讨论、研发之中，并无定论。但机器人火星取样之旅，已呈“开弓没有回头箭”之势。

取样

机器人从火星取样，思维不难：样品得符合生命科学的要求，一般要在洪水冲积地搜集。机器人能力有限，无法挖入地表太深。样品找到、筛选、装箱后，如何运回，则是大费周章的事。

在日常生活中，我们常有出差取货的经验。最容易的方法是开车由家里出发，到机场后，把车停放在停车场。上了飞机到了外地，取到货，包装好，再坐飞机回来，把货提到停车场，装车，回家。

将这个思维用到火星取样上，应是这么一个情形：在地面上加足去火星的火箭双程燃料，装上机器人，到火星后降落，送出机器人，找到适当样品，装箱，火箭由火星再出发，回到地球，减速，穿过大气，降落。

去火星的双程燃料重量庞大，到火星后回程燃料也跟着登陆，脱离火星时，火箭还要带着这份重量，挣扎升空，内耗巨大，显然不经济。于是有人建议，何不把回程火箭留在火星轨道，只派出轻便的登陆小艇降落，像“阿波罗”任务的“老鹰号”登月一样。想法虽好，但登陆小艇和回程火箭分开后，最后还是得再从远离火星几亿千米外的地球下指令，与火星轨道上的回程火箭会合，才能回家，技术难度升一级。

又有人说，取样宇宙飞船回到地球轨道后，需刹车降落，也要使用大量燃料。这份燃料重量打火星来回，是一份沉重的担子。既然已经回到地球轨道，我们不如从地球送上一枚小型火箭，到地球轨道接火星样品回家。地球轨道虽然近在眼前，但又是一次轨道会合，技术难度又升了一级。

回程火星样品宇宙飞船直接在地球定点降落，又需大量燃料。不如在进入地球大气后，打开降落伞，缓慢飘下，在半空中，由高空飞机收回。

另一个想法是，火星双程宇宙飞船由地面出发时，在脱离地心引力、进入低地球轨道时，要耗费很多燃料。不如在低地球轨道中组装火星双程宇宙飞船，省掉为进入低地球轨道所费的燃料重量。

有人干脆把去火星和回地球火箭分成两个独立部分。去时只带单程火星登陆的燃料和从火星再发射到火星轨道会合的燃料。当然，机器人不能忘记带。回程燃料由第二组火箭供应，在第一梯队启程两年后出发，抵达火星，不降落，只在火星轨道上打转等待，与从火星地表发射上来的样品在轨道会合后，打道回府。

从燃料重量以及在火星、地球轨道上会合、转交样品的方面考虑，技术复杂程度和经费需求应是最主要因素。以目前估计，在地球轨道组装、两组火箭出发、火星轨道样品移交、接力回程，经费最贵，约 400 亿美元。单一火箭载双程燃料及机器人，全部登陆火星，另外辅以一枚独立单程火箭，供应火星轨道通信卫星，一般称为“直接回程一直接进入地球大气方案”（direct return/direct entry scenario，DR/DE），价钱最便宜，约为 20 亿美元，是目前人类火星取样计划的主流策略。

快、好、省

1963 年“阿波罗”登月计划敲定后，美国国家航空航天局就开始发展太空站策略，积极组织登月后太空营运体系。“阿波罗”计划结束后，留下大批科技队伍。要养活这批人，是美国国家航空航天局核心的考虑要点。美苏冷战时代军备竞赛呈白热化，美国仍需长期占据地球轨道高地，监视“魔鬼帝国”。发展太空站似乎还能自圆其说。并且，也只有庞大的太空站经费，才能继续养活近 20 万联邦政府和工业界太空专业人口。

前期的太空站发展策略建筑在登月计划成功的基础上：以登月土星火箭（Saturn）强大的运输力量，组装一座直径约 200 米的旋转太空站，从事各类太空天文观测、地球科学研究、科技发展、探测等任务，并有人工重力场，保证航天员的健康。这就是美国国家航空航天局向国会提出的、泛称为“逻辑的下一步”（the next logical step）蓝图。

登月成功后，美国陷入越战炼狱，国力大减，太空发展也随之失去冷战时期强大政治力量后盾，“逻辑的下一步”没出炉，就胎死腹中。

美国国家航空航天局再推出以航天飞机组装太空站计划。与只能用一次的土星火箭不同，航天飞机能重复使用，像定期班机，每个星期对开一次，一年飞行52次，每次费用可降低至1000万美元。航天飞机、太空站计划同时上马，计划实施后，商业客户可用来发放通信卫星及地球资源探测卫星，能自给自足，纳税人不需再继续投资，是一宗好生意。

但闹穷的美国政府只能负担一项计划，美国国家航空航天局只好先发展航天飞机，并在太空站经费毫无着落的情况下，只得先做起航天飞机卡车运输服务工作，找到“哈勃太空望远镜”和“太空实验室”两个大顾客，咬着牙根等待遥遥无期的太空站经费。

航天飞机操作后，实际发射一次的费用，以纳税人的眼光计算，高达10亿美元，为初期乐观估计的100倍，几近荒谬。美国国会、媒体冷嘲热讽，美国国家航空航天局在强大的舆论压力下，铤而走险，玩命地增加航天飞机发射次数，以求降低成本，终于酿出“挑战者号”爆炸惨剧。

“挑战者号”事件后，美国国家航空航天局又被放在显微镜下检视、批判。为航天员生命安全着想，里根总统任命航天员特鲁利（Richard H. Truly，1937-）为美国国家航空航天局局长，整个太空站经费重新估计，超出1万亿美元，白宫认为贵得离谱。特鲁利为航天员请命，不肯让步，终被革职，时为1992年年初，老布什总统当政最后一年。

1992年年底，作者在华盛顿碰见特鲁利，问他离职后的感想，回答：“无官真是一身轻呀！”（I am glad it is not on my watch anymore！）

1992年4月，共和党乔治·布什总统任命民主党党员、犹太裔的哥丁（Daniel S. Goldin，1940-）为美国国家航空航天局局长，表现出白宫不忌讳跨党任命、求贤若渴、收拾美国国家航空航天局这个摊子的决心。哥丁的主要使命是降低太空站和太空科学探测成本，任命后，就即刻推出“快、好、省”基本策略，脱胎换骨，重新塑造美国国家航空航天局的灵魂。

“快、好、省”策略思维有三：裁员、大幅度降低太空站造价和重整火星探测策略。

化整为零

哥丁以“组织杀手”（organization assassin）扬名工业界，上任后五年内，裁减联邦雇员7000人，华盛顿总部为重灾区，强迫60%工作人员退休，是一章血淋淋的史篇。

太空站计划本来动机不纯，是美国国家航空航天局养家活口的依据，为“行善事”（do good）级科研计划，政治地位低微。苏联解体后，哥丁抓住机会，和俄罗斯取得协议，以每年1亿美元为代价，为期4年，要求俄罗斯洲际弹道导弹取消对美国瞄准、不向第三世界输出核子和导弹技术、入伙“国际太空站”（International Space Station，ISS）计划。协议签订后，“国际太空站”升格为“国家安危”（national security）级计划，政治地位暴涨。哥丁并把“国际太空站”造价压到1500亿美元。1995年美国国会终于批准组装经费每年210亿美元，规定“国际太空站”将在2003年组装完毕，至少使用10年。

至于火星探测策略，从20世纪60年代起就以“大科学”计划面目出现，每10年一次任务，经费高达数10亿美元。1975年发射的“海盗号”火星生命探测计划，盖棺论定，总费用逾40亿美元。1992年发射的“火星观测者号”，造价10亿美元，在抵达火星前失踪。一次失败，许多科研人员一生心血，付诸东流。火星科研计划，也跟着推迟17年。这种十几年一次的“大科学”计划显然有重新设计的必要。

一直到1996年年底发射“火星全球勘测卫星”和“火星探路者号”之前，人类还在继续吃“海盗号”20多年来攒下的火星数据老本。

哥丁上任后，决定将火星任务化整为零，将一个大任务分成五六个小任务，每780天“冲”前100天前后，连续发射两次火星任务，每个任务以“快、好、省”策略设计，经费不得超过1.5亿美元。

“快、好、省”策略，把以前一次大计划经费分散到数个小计划上。一个大计划只能或成功、或失败，是0与1之间强烈的对比。化整为零后，5个计划可以3个成功、2个失败，成功率不再是有与无，是新式“策略管理”的具体实现。

但5个小计划并不能完全代替一个大计划，这个道理浅显易懂。比如“海盗号”能工作数年，“快、好、省”下的小任务只能工作几个月。如果大计划派出机器人探测，肯定能走出数十千米，涵盖广大面积。反之，小计划只能在几十米内打转，远一点距离即使有科学宝地，也只能望洋兴叹。

在“策略管理”课上，常以5个人受困沙漠为例。5个人只有1升水，5个人全部出动求援，每人只能分200毫升饮水，只能走出10千米，但可以涵盖5个不同方向。

如果把水集中，让一个人去求援，这个人能走出50千米，说不定就碰上一个村落。但只有一个方向，若碰不上救援的人，可就惨了。这两种策略，在生死攸关之际，见仁见智，难下决定。

一振出局

“火星全球勘测卫星”之后的“火星探路者号”任务，是“快、好、省”新策略实施后第一个登陆火星的先锋。1993年上马，总经费1.96亿美元，以气囊弹跳新技术为降落火星主要手段（图10-4），用一个电池能小车从事近距离岩石探测（图10-5），3年内交货、发射，在1997年美国开国纪念日，7月4日，成功登陆，工作了85天，引起全世界逾10亿航天爱好者上网查询。美国国家航空航天局一时因耀眼的成功而觉得飘飘然，“快、

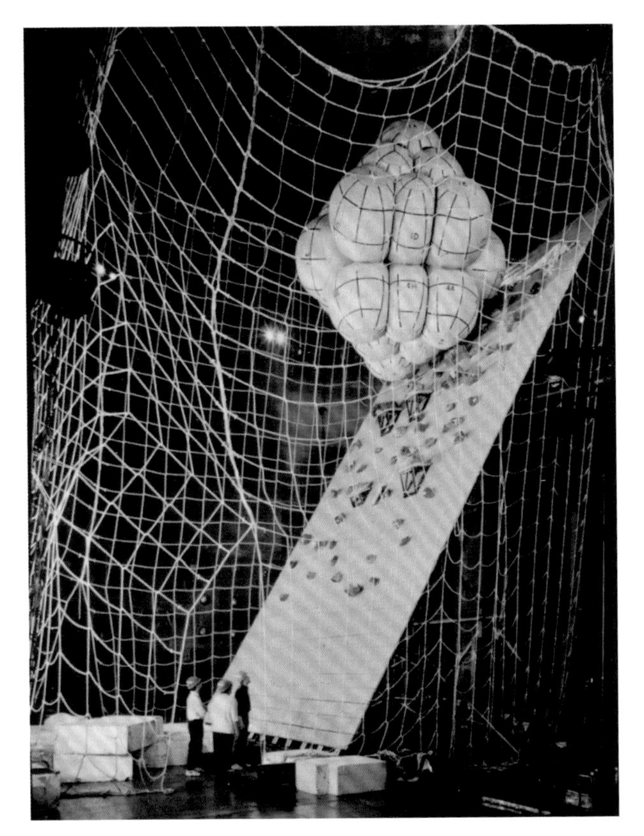

图 10-4　“快、好、省”策略下第一个火星登陆任务“火星探路者号”，使用气囊弹跳新技术为降落火星的主要手段，获得空前成功。图中是技术人员在斜面上模拟实验气囊的强度（Credit：NASA/JPL）

好、省”登陆火星策略见效了！

在 1999 年夏天，作者乘出差之便，到加州喷气推进实验室，访问了火星小车“旅居者”（Sojourner）驾驶者库珀（Cooper），并参观他的电脑操作设备。他是唯一拥有火星驾驶执照的人。他教作者如何在电脑上模拟驾驶位于几亿千米外火星上、价值 2000 万美元的小车子。作者戴着三维空间眼镜，从甲点把车子开到乙点，是一个新鲜的体验（图 10-6）。

图 10-5 “火星探路者号”于 1997 年 7 月 4 日登陆火星后，放出“旅居者”（Sojourner）电池小车，正在对被命名为“瑜伽”（Yogi）的岩石进行探测。电池小车的轮迹清晰可见。图左右两下角为完成任务后泄了气的弹跳气囊（Credit：NASA/JPL）

图 10-6 作者在加州喷气推进实验室，采访了火星小车“旅居者”驾驶者库珀（Cooper）和他的电脑操作设备。

美国国家航空航天局使用“快、好、省”新策略的三个开路任务：“火星全球勘测卫星”“火星探路者号”和“深太空一号”（Deep Space Ⅰ，DS-1），都获得空前成功。

在这些任务成功的基础上，美国国家航空航天局又发射“快、好、省”第二波任务“火星气象卫星”和“火星极地登陆者号”，结果全军皆没。“火星气象卫星”因英制和公制换算失误，冲入火星大气焚毁。“火星极地登陆者号”在进入火星轨道前，一切操作正常。自动登陆程序开始后，为了省钱、省重量，没装实况报道通信设备，自此音信杳然，没留下“验尸报告”。根据后来检查制造过程工程数据的结果，美国国家航空航天局怀疑是在登陆减速过程中，4K 变 16K 着地开关，承受过大的减速力量，误认为已着陆，在离地 40 米的高度，就把刹车着陆反射火箭切断，致使“火星极地登陆者号”从高空坠毁。但这项原因只是存疑，没有定论。

失败后调查报告又显示，在有限的经费下，“快、好、省”是美国国家航空航天局能用以完成火星任务的管理哲学。但在实施的过程中，却未能建立起完整的技术管理体系；对仪器在发展过程中产生的错误，并没有适当的检验和修正的方法；对冒险性、科学回收、新技术使用与任务成功率之间的密切互动关系，也没有明确和通盘的了解；还有，任务的管理领导系统也十分模糊，等等。

“快、好、省”策略有一定的科技管理理论基础，但省得太厉害，切到了骨头。包括“火星探路者号”在内，技术人员年纪轻、有干劲、有理想、能吃苦。但所有重要技术关口，为了省钱，只有一夫当关，没人咨询、没人讨论、没人复检。

“火星探路者号”任务成功后，“又要马儿跑，又要马儿不吃草”，似乎成了美国国家航空航天局上层技术管理官员的座右铭。像亩产万斤粮，做不到就认为是能力差。两头夹攻，累死了马儿。

但失败一向是美国国家航空航天局走向成功的必经之路。失败了绝不表示不再往前走，但必须从失败中汲取惨重教训，重整旗鼓，再出发。

航天任务不像打棒球，三振才出局。在遥远的火星，只要犯一个错误，就一振出局。

墨菲先生（Mr. Murphy）[①] 专管这片地盘：有出事的可能性，就一定出事，绝对心黑手辣，毫不留情。

去火星的双程取样列车已升火待发。目前的情况是赶紧修补“快、好、省”策略，找出改进空间，还是很有可能在2020年前后出发，取得火星岩石、土壤样品，继续探求火星生命之谜。

说不定，火星的生命和地球生命的起源，会有纠缠不清的关系呢?

---

① 工程人员戏称墨菲先生制定了“墨菲定律”（Murphy's Law），专挑仪器、机件毛病，绝不通融。送上太空的仪器，只要有一个毛病，墨菲先生一定把它找出来，放大渲染，陪玩到底，不搞到车毁人亡，绝不罢休。俗称“墨菲定律”。

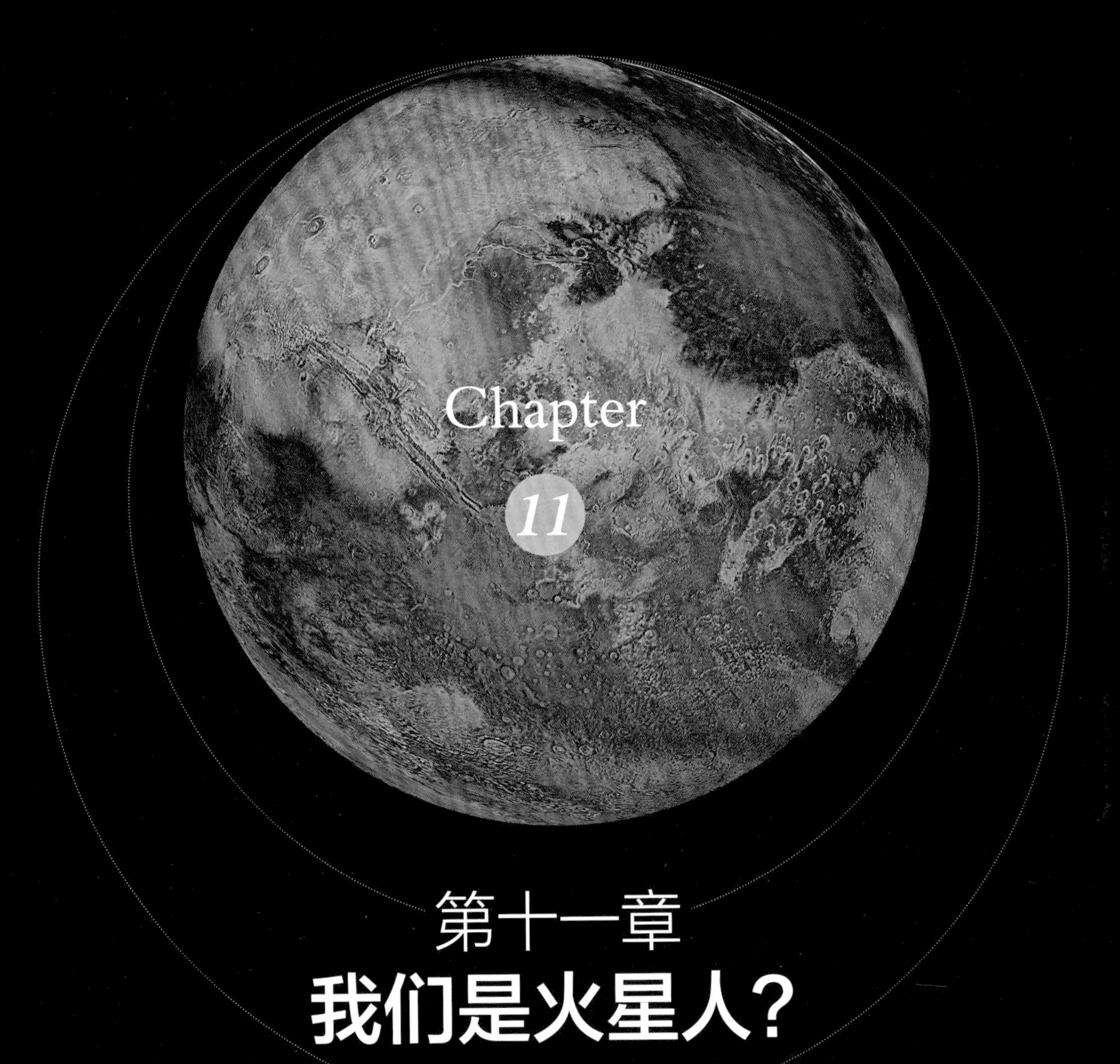

Chapter 11

第十一章 我们是火星人？

生命竞赛

太阳系形成初期，火星与地球的起跑线相同。火星地处石质行星外缘，获水量比地球大，但受体积庞大的木星干扰，无法搜集到足够建材，凝聚成像地球一样的健康躯体，只长成了一个小矮个儿。火星地心引力不够强，抓不住氮、氢、水汽等气体，气体集体逃亡，45 亿年下来，只剩下 600 ~ 1000 帕大气压，液态水失踪，紫外线肆虐，地表生命消失。相比之下，后到的绿色微生物将地球转变成一个自由氧气的生物球，是生命的乐园。反之，火星连二氧化碳都不够，是生命的悲惨世界。

在陨石风暴的第一个 7 亿年里，每次巨大陨石碰撞，都对生命有“消毒”的威慑力。由陨石带来巨大的动能，被行星吸收，转成热能，造成地球和火星同样地表炽热，可能远远超过生命耐热极限。我们揣测，生命时钟应在陨石风暴停止后的 38 亿年前起算。

陨石风暴停止后，地表温度开始下降。一般球体散热的速度以其总表面积对所含的质量为比较标准[①]，换言之，我们要看球体每千克的质量能分到多大的散热面。使用这个标准，火星有效散热面大约是地球的两倍。假如其他一切条件相等，火星降温速度比地球约快两倍。实际上地球比重为 5.497，火星比重 3.9，地球的单位含热量比火星高，若从 38 亿年前起按下秒表，火星应比地球率先抵达生命起源极限的温度，比如 140 摄氏度。当火星地表生命有起源条件时，地球地表可能依然炽热，仍是高温消毒炉。

以地球古菌生命经验，只要赋予一线生机，生命就可能蓬勃发展。地球生命在陨石风暴停止后 3 亿年，就已初具规模。但地球抵达生命发展的极限条件还是比火星晚。我们揣测，火星生命可能在陨石风暴停止后不久就滥觞。

火星可能先有生命，赢了这场和地球的生命竞赛。

① 由行星内部放射性元素产生的核热能，在此略。

陨石列车

行星间陨石互访，亘古以来，络绎不绝。

在陨石风暴肆虐的年代，每个行星都承受大量陨石撞击，可以想象行星上很多岩石块被崩离行星，进入太空，穿梭于各行星之间。

地球和火星是太阳系中的近邻。地球块头大，地心引力强，岩石脱离地球困难。相比之下，火星个儿小，地心引力弱，岩石脱离火星容易。

作者在第三章“一飞冲天”发射窗口一节打了个比喻：太阳重力场有如一个山坡，太阳在山脚，地球在山腰，往下看，有金星和水星，往上望，有火星、木星、土星等行星。从地球到金星、水星，走下坡路，比较省劲，从地球到火星，要爬坡，费力。

同样的，从火星出发的陨石，往地球掉，有如下坡滑行，轻松容易。从地球出发到火星的陨石，挣脱地心引力不易，又得费力爬坡飞行，已是“二振”局面，打出全垒打较难。

人类没有去过火星，不知火星上有无从地球去的陨石。金星的个头是地球的81.5%，金星陨石到地球的困难程度应该和地球到火星的差不多。金星大气、土壤成分测量，是苏联对人类的贡献，鉴定金星陨石不难。人类到2020年为止总共掌握了40 000块陨石，但作者寻遍资料，都找不到金星陨石。依理推测，在火星上也可能很难找到地球陨石。

地球—火星间的高速公路虽然不是单行道，但交通流量可能极不平衡：火星客拥挤于途，地球客门可罗雀。

即使我们接受以上的论点，让比地球先发展出来的火星细菌生命买票，登上陨石列车，以上千倍于重力场的爆炸性加速度出发，在太空无水分、无养料，还饱受强烈宇宙射线轰击千万年的情况下，抵达地球时，仍得遭遇大气摩擦高温2000摄氏度，降落时，再与地面高速碰撞减速，又是上千个重力加速度。细菌虽小，但核心只是一汪水，含着生命密码DNA，能承受重重魔障般的颠簸旅途，活着抵达地球这个生命乐园吗?

魔障旅途

脱离火星的陨石速度最低每秒 5 千米，就可进入太阳轨道，有机会抵达地球。但脱离火星的陨石肯定不会受到如此温柔的待遇。火星陨石一般以爆炸性速度离境，加速度可达上千倍重力加速度，细菌再小，也是生物，承受重力加速度的能力有一定极限。

有位瑞典科学家曾将潜伏期的细菌放在高射炮的弹头中射出，弹头承受巨大的重力加速度，足够陨石脱离火星。实验结果，细菌仍是活的。所以我们有把握说，对大小适当的一些火星陨石列车，细菌能安全离境。

进入太空后，宇宙射线无情地打将过来，坐在经济舱中的陨石表面乘客，可能很快丧生。看陨石的块头有多大，坐在核心的乘客受到厚实的陨石层保护，可能安然过关。

陨石可能在太空飞行上千万年，陨石温度在深冻状态。超低温很可能歪打正着，引发陨石核心细菌进入冬眠潜伏、长期存活。厚实陨石壳又成为最佳热绝缘材料，维持陨石核心温度不变。

陨石以每小时 40 000 千米的高速，冲进地球大气层，摩擦生热，表面白热化，温度可达 2000 多摄氏度，然后以高速撞上地面。细菌又要承受好几千个重力加速度，才能抵达目的地。

有人发现，刚落地的陨石有时表面竟然会被一层霜包住。这种现象可能是因为陨石深冻温低，绝缘性良好，陨石仅允许表面薄层白热化，着地后，迅速被核心温度冷却。

这时候，火星细菌才可以从到站的陨石列车里探出头来，看到四周丰富的资源，说声：酷！地球真是一个好地方！

移民地球，播种生命

到2020年为止，人类搜集了40000余块由宇宙各处来的陨石，其中224块来自火星。在地面寻找火星陨石不易，即使捡到，通常都要经过漫长的岁月后，才发现那块不起眼的石头，原来竟是由火星来的。

1911年在埃及砸死一条狗的那块陨石，在20世纪80年代后才被验明正身，死的那只狗也跟着进入史册，略可瞑目。1999年年底在美国加州洛杉矶鉴定的两块陨石，是发现者在1979年于莫哈未沙漠捡到的，在车房呆了20年才认祖归宗。即使由专家特别搜集的ALH84001号陨石，从开始就大出风头，也还是在冷藏库中度过9个寒暑，才大放异彩。

陨石平均掉落在地球每个角落，地球表面3/4是海洋，其他是大片的荒郊野外，从捡到的几块火星陨石，很难估计地球总共有多少火星陨石。但大胆的科学家还是勇敢地计算了一下。结果是：地球大约每年搜集500千克的火星材料。45亿年下来，得22.5亿千克。如果把这些火星材料平均撒在台湾全岛，厚度得有1.5厘米。其中90%，应是38亿年前，陨石风暴结束前后时期飞过来的。这是一个不算小的数字，足够对地球进行生命播种的工作。

总结来说，地球生命环境优越，生命非常可能是独立起源演化的，与任何外来因素无关。但也有专家认为，地球生命起源后，陨石碰撞仍然不停，地球生命繁殖演化道路受阻，留在地表死路一条，有些细菌就乘上陨石逃亡列车，进入太阳或地球轨道，等地球生命环境稳定后，再返回故乡，自身播种。当然，地球生命也可能经由稀少的陨石，感染火星；火星生命也有可能是地球古菌。

不过，火星个子小，散热快，很可能比地球抢先抵达生命起源条件。目前无法排除的可能模式是：火星生命在火星成形后，乘坐频繁出发的陨石列车，抵达地球，播种生命。

那么，我们会是火星人吗？

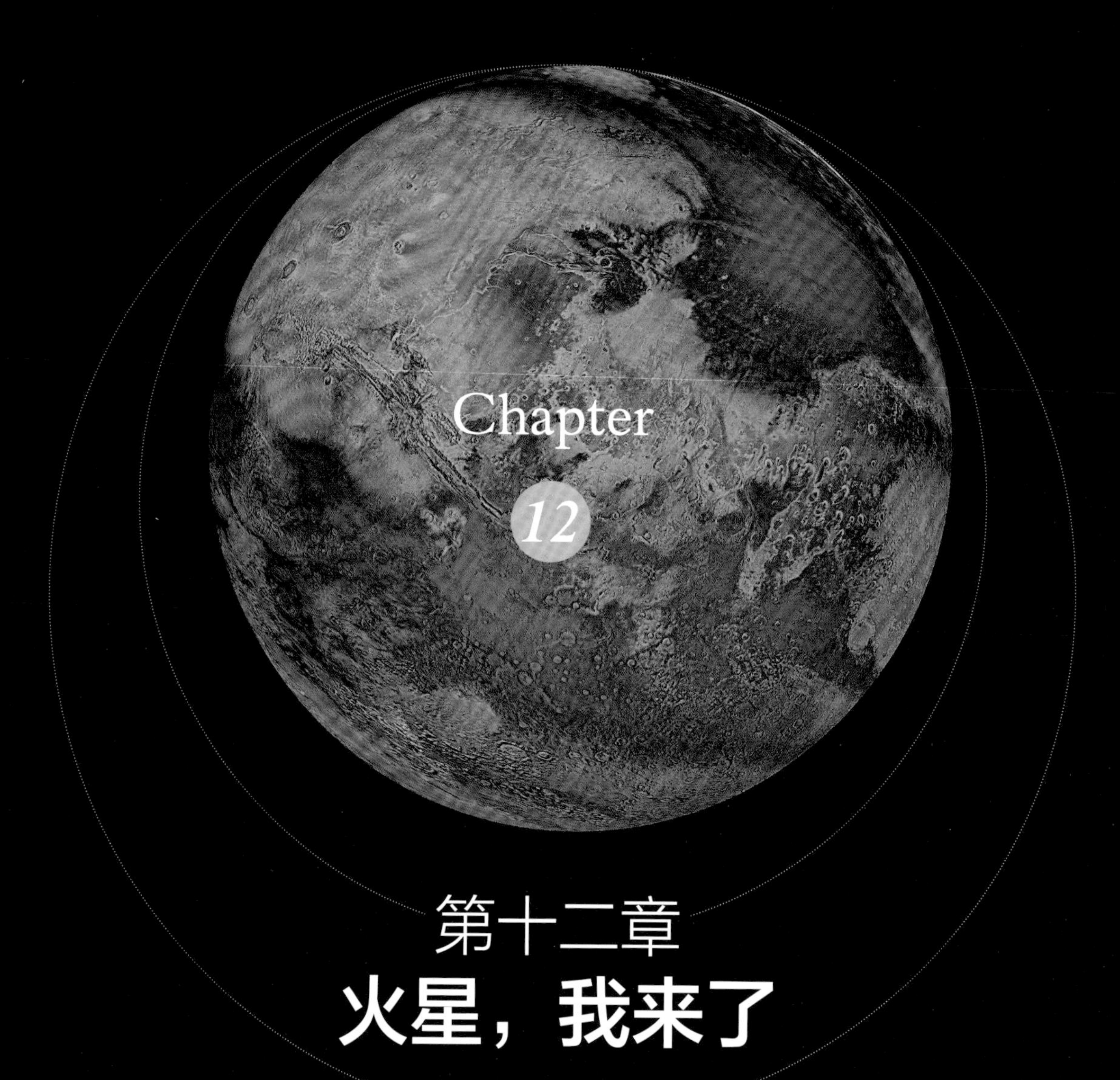

第十二章
火星，我来了

新世纪的火星任务

人类有能力进入太空后，在美苏登月冷战的硝烟笼罩的背景下，苏联从1960年起，就展开了热烈的“火星”（Mars）系列探测计划，美国以“水手号”系列被动响应。但最后美国还是以“海盗号”耀眼成功的光芒，又算是打胜了登陆火星的冷战，这些细节在前文的第三章至第五章中已有详述。

去火星不易，登陆火星更难，只有太空科技强国，才有勇气和能力一试。人类进入太空的前40年，只有俄罗斯和美国独霸火星地盘，世界别国，分羹莫及。20世纪90年代，日本挟房产泡沫经济之余威，于1998年首发“希望号”火星轨道卫星，无奈在地球重力助推加速过程中，火箭燃料阀门受损，燃料泄损严重，虽然启动了后备紧急方案，最终还是无法追上火星，任务于2003年12月31日以失败告终。

苏联解体后，人类火星探测几乎呈现出美国一枝独秀的现象。说“几乎”是因为苏联解体后的俄罗斯，强弩之末，于1996年又射出最后一枚“火星96”，虽然失败了，但为苏联“火星”探测系列画上了一个有始有终的句号。而美国当时为了筹建前文屡次提及的“国际太空站”经费，火星项目开始厉行“快、好、省”策略，导致20世纪末最后两项“火星气象卫星”和“火星极地登陆者号”任务全军覆没，得不偿失。

从“快、好、省”失败策略的痛苦深渊爬出来后，美国在2001年发射了新世纪第一枚探测卫星“2001火星漫游号”，进入火星轨道后，马上侦测到火星大气中含有丰富的氢分子，再次确定火星地表下应有大量水冰的存在。“2001火星漫游号”源于1968年《2001：太空漫游》（*2001: A Space Odyssey*）科幻片而命名，到目前为止，已在轨道上工作18年有余，为火星卫星寿命最长的纪录保持者。在执行任务期间，它又为以后登陆火星的“勇气号”和“机遇号”漫游小车以及接近火星北极登陆的凤凰号寻找降落地点，也加班承担这些火星仪器和地球的中继通信卫星角色。

欧洲航天局（ESA）在2003年发射欧洲首枚“火星快车”探测器，包括轨道卫星和“小猎犬2号”（Beagle 2）登陆小艇。欧洲科学家在火星上寻找生命痕迹，当然要以达尔文在1830年代乘坐的“小猎犬号”（Beagle）为名，提醒眼睛长在头顶上的美国，达尔文的坐艇是1号，现在的是2号。但是很不幸，“小猎犬2号”和“火星快车”在火星轨道上分离后，进入火星大气，开始朝火星降落，就此音讯杳然，阴阳永别。11年后的2015年，美国的“火星勘测轨道飞行器”以其超高清的HiRISE相机在“小猎犬2号”可能着陆地点搜寻，竟然发现它已安全降落，机体完整无损，只是太阳电池板4扇中的2扇未能如设计打开，刚好挡死了通信天线通道。验尸报告：“小猎犬2号”登陆火星成功，但天线被太阳电池板挡住。“火星快车”的轨道卫星虽然和“小猎犬2号”通信任务中断，但它和地球的通信管道仍然畅通，所以可以重新改变任务计划，来分担尚在火星地表操作的很多科学仪器的数据中继工作量。因此项新的跨国界的无私担当，“火星快车”被国际评估为任务成功一半。登陆火星有如在上亿千米外指挥穿绣花针一样，欧洲航天局第一次发射的火星卫星就成功入轨操作，并又掌握了登陆火星的高难度技术，堪可恭贺。

21世纪火星探测“跟着水走”的新策略打响以后，美国在2003年紧锣密鼓地发射了新一代的火星漫游小车“勇气号”和“机遇号”，科学目的聚焦在寻找和水有关的火星矿石和土壤。

2006年3月10日进入火星轨道的美国新一代“火星勘测轨道飞行器”（MRO），及时接替刚退休的“火星全球勘测卫星”，携带“高分辨率成像科学设备”，把火星地表图像的解析度推到30厘米，不遗余力地为未来即将发射的火星地表探测仪器寻找最佳降落和工作地点。HiRISE在2006年9月为“机遇号”工作漫游范围内的维多利亚陨石坑（Victoria Crater）拍摄一张高清照片（图12-1），坑直径750米，深70米。HiRISE再次拍摄很多火星沟渠图像，清晰度惊人（图 12-2）。2019 年 5 月 29 日，HiRISE 又捕捉到一张在火星北极正在进行中的土石崩图像（图 12-3）。MRO 也承担火星地表仪器和地球的主要中继通信卫星任务，是人类送去火星的特级神器。

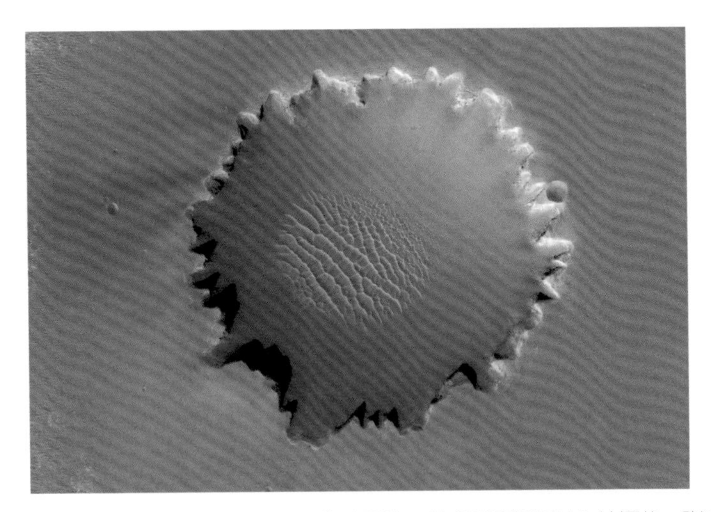

图 12-1 HiRISE 为“机遇号”漫游范围的“维多利亚陨石坑”拍摄的一张高清全景照片（Credit：NASA/JPL）

图 12-2 HiRISE 再次拍摄很多火星沟渠图像，清晰度达到 30 厘米的惊人程度（Credit：NASA/JPL）

2008 年 5 月 25 日，美国“凤凰号”登陆火星北极成功，成为人类唯一布置在火星北极地域的仪器（图 8-13 和图 12-13 左上），弥补了“火星极地登陆者号”失败的遗憾。火星北极酷寒，在短暂的 3 个月内，“凤凰号”争分夺秒地完成了极地水文历史和未来人类生存环境评估的科学任务后，在同年 11 月 10 日与地球做了最后一次通信，就熄火关机。“凤凰号”短暂但关键的任务，花费了美国纳税人 3.86 亿美元。

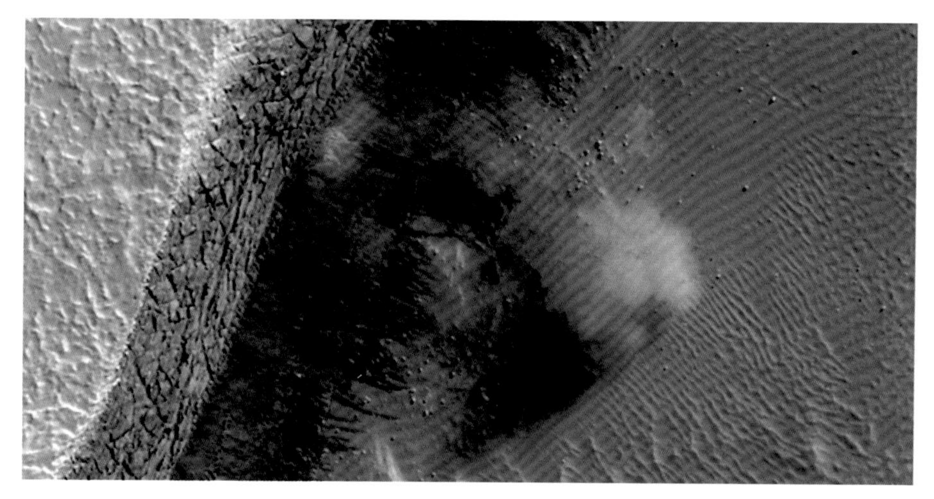

图 12-3　2019 年 5 月 29 日，HiRISE 捕捉到一张在火星北极正在进行中的土石崩（Credit：NASA/JPL）

MRO 的一个重大任务就是为未来登陆火星仪器设备寻找最理想的着陆地点。新世纪“跟着水走”的火星探测策略核心主力设备“火星科学实验室”，仔细使用了 HiRISE 高清图片，设计出在“盖尔陨石坑”着陆的椭圆形区域，大小约为 20 千米 ×7 千米，比 20 世纪 90 年代的“火星探路者号”着陆椭圆 100 千米 ×200 千米估计，面积缩紧了近 150 倍（图 12-4）。“盖尔陨石坑”年龄约 35 亿 ~ 38 亿年，形成后，先被沉淀物填满，然后水灌入，再风吹沙尘堆积，最后由风蚀刻雕出一座位于陨石坑中央高 5.5 千米的高丘，命名

“伊奥利亚沼”（Aeolis Mons，Mount Sharp）。“伊奥利亚沼”的风蚀暴露山坡，展现出来的就是一页完整的35亿年来火星水文地质历史。如人类要想在火星找一处“跟着水走”的水源宝地，非“伊奥利亚沼”莫属。

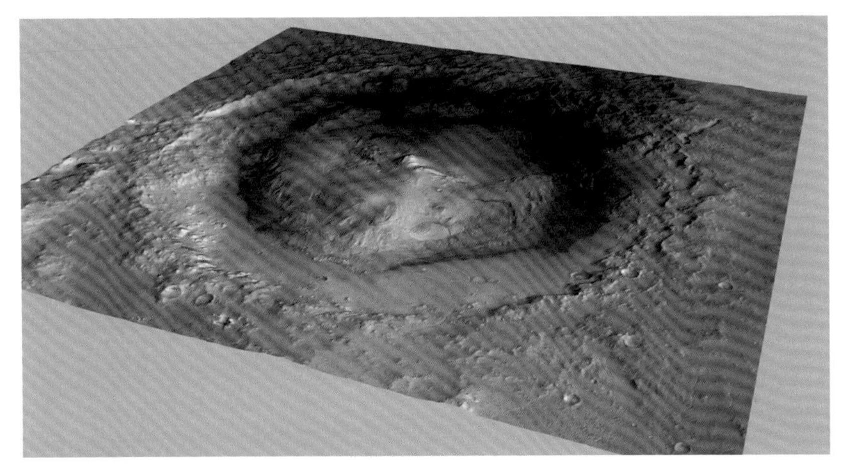

图12-4　以MRO/HiRISE高清图像为参考，设计出“火星科学实验室”在“盖尔陨石坑”（直径154千米）着陆的椭圆形区域（见图中央偏下绿色椭圆和着陆预测地绿点）。图下方为朝北方向（Credit：NASA/JPL）

2012年8月6日，美国的“火星科学实验室”和携带的“好奇号”新世纪漫游车，在MRO的导引下，登陆火星“盖尔陨石坑”成功。这次登陆火星技术，不再使用“快、好、省”时期无法控制的弹跳气囊，而改用新一代完全可控的吊车式软着陆反射火箭（图12-5），大幅度缩小了火星降落时的椭圆范围。

登陆成功后，“好奇号”在火星上运作2个月后，择机自拍。作者第一次看到这张自拍肖像（图12-6）时有些困惑，因为看不出自拍照相机的位置，只好冒着无知的危险，直接打电话请教JPL负责的工程人员。他只用一句话解释，作者就懂了：这是张合成照片！照片是用图中间略偏左下方自动机械臂顶端称为MAHLI的相机拍的没错，只是它在转动350度

图 12-5　计算机仿真示意：2012 年 8 月 6 日美国的“火星科学实验室”和携带的“好奇号”新世纪漫游车登陆火星“盖尔陨石坑”成功（Credit：NASA/JPL）

图 12-6　“好奇号”自拍肖像（Credit：NASA/JPL）

方位时，共拍了 55 张，然后用这些不同角度拍的个别图片，仔细缝合在一起而成。图像的右上方为“伊奥利亚沼”高丘，左上方远处背景为“盖尔陨石坑”的北面边缘，图像的左中下方是此次使用自动机械臂顶端的铲子首挖火星地表共 4 铲取样留痕。

“好奇号”每火星日平均移动的距离约 8 米多一点，登陆 3 年后的 2015 年 9 月 9 日，足迹已逼近“伊奥利亚沼”高丘山麓（图 12-7）。在“好奇号”镜头前 3 千米外出现各类丰富矿石成分组成的地表，由近至远，有氧化铁、黏土矿石和硫矿石，显示过去数十亿年来水对这些地表的作用。图中段由左至右的近浅褐色地带，是在火星干燥时期形成，现今风蚀现象显著。图最远处为“伊奥利亚沼”5.5 千米高丘的一部分。

图 12-7　“好奇号”镜头前出现各类丰富矿石成分组成的地表，显示过去数十亿年来水对这些地表的作用（Credit：NASA/JPL）

“好奇号”于 2012 年 8 月 6 日登陆火星成功后，原本设计任务周期为 668 火星日，在同年 12 月美国国家航空航天局决定取消任务周期限制。“好奇号”使用钚 -238 核辐射热电能源，可工作至少 50 年。至 2020 年 2 月 24 日为止，“好奇号”已在火星上连续工作了 2685 火星日，覆盖了 21.61 千米距离，任务总成本累积达到了 25 亿美元，是人类有史以来最昂贵的火星探测任务。

在美国的“火星科学实验室”从地球启程去火星前的18天，俄罗斯于2011年11月8日发射了“火卫一登陆号”（“福布斯-土壤”，Phobos-Grunt），主要任务为登陆火卫一，取回一块够大的火卫一样品。“火卫一登陆号”也携带了中国首颗火星轨道探测卫星“萤火一号”。这次任务是俄罗斯在“火星96”失败后，再次出击。去火卫一取样为双程之旅，任务艰难，为人类首试，无奈于进入低地球轨道后，所需达到脱离地球速度的推进火箭点火失败，终因无法冲出地心引力的紧箍咒而于2012年1月15日解体后坠落于太平洋。

2013年11月5日，印度发射了“火星轨道器任务”（Mars Orbiter Mission），于2014年9月24日成功进入火星轨道。这是印度经济起飞后，第一次发射去火星的探测卫星，主要任务是为证实印度的太空科技实力，同时顺便也收集些火星大气数据。印度火星发射，第一次就取得完全成功，可与欧洲航天局的“火星快车”卫星部分相比美，是一项了不起的成就。去火星的宇宙飞船一般在地球—火星抵达“冲”的位置前约3～4个月发射，才能使用最节省燃料的霍曼转移轨道，和火星在“合”的位置交会（图3-4和图3-5）。印度此次在2014年4月8日“冲”（图2-2）前的5个月就出发上路，的确比一般使用的火星发射窗口早了些。印度笨鸟先飞，利用这多出来约一个月的时间在地球轨道上做了7次地球—火星转移轨道调整，在11月30日才脱离地球，以特慢不需用太多燃料刹车的速度，在298天后的次年9月24日，成功入轨火星。印度只花了7100万美元，就完成人类有史以来最便宜的火星任务。锦上添花，又是纪录一桩。

2014年9月22日，美国的“火星大气与挥发物演化任务”（Mars Atmosphere and Volatile Evolution Mission，MAVEN）卫星进入火星轨道，任务目的是研究当今最上层火星大气流失速率，来重建火星由充沛温湿的二氧化碳大气变得如今如此稀薄与干燥大气的演化历史。MAVEN，如前面提到的 3 个轨道卫星“2001 火星漫游号”“火星快车”和“火星勘测轨道飞行器”，也成为目前许多在火星地表执行任务的科学仪器与地球联系的中继站。火星轨道上的中继卫星，像地球轨道上 30 多颗的 GPS 卫星一样，常需汰旧换新。MAVEN 是中继卫星的新血成员。

欧洲航天局再接再厉，在“火星快车”成败各半的 13 年后，又鼓足勇气，与俄罗斯合作，发射“火星生物探测器”（ExoMars，Exobiology on Mars），轨道部分为火星微量气体卫星（ExoMars Trace Gas Orbiter，TGO），主要任务为侦测火星上甲烷和其他气体的来源。登陆部分为夏帕雷利登陆器（Schiaparelli/Entry，Descent and Landing Demonstrator Module，EDM），主要任务为演练火星登陆技术，为以后双程火星取样任务储备能量。夏帕雷利就是第二章中“火星肥皂剧”节的意大利天文学家。他虽然以火星运河留名，但他对火星天文开疆拓土功不可没。夏帕雷利登陆器于 2016 年 10 月 19 日与轨道卫星分离，与地球监视通信部分，由印度的巨米波射电望远镜（Giant Metrewave Radio Telescope）接手，进入火星大气后，共收到约 600 MB 通信信息，但不幸在预估软着陆前 1 分钟失联。两天后的 10 月 21 日，MRO 在预定着陆地点搜寻，摄得夏帕雷利登陆器坠毁现场。欧洲航天局的 ExoMars 本来计划在 2020 年 7 月 25 日发射第二波任务“富兰克林”（Rosalind Franklin），现已决定延期至 2022 年 8–10 月。

2018 年 11 月 26 日，美国“洞察号”（InSight）在距“好奇号”以北 600 千米处登陆火星成功（图 12–8）。“洞察号”的主要任务为测量火星的地震活动，借以绘制出火星内部的三维结构，加上火星内部热传导测量数据，可估计类地行星在太阳系中的形成和演化过程。“洞察号”任务是一个庞大的国际科学合作计划，参与的有美、法、德、英、奥、比、加、日、瑞士、西班牙和波兰共 11 个国家。

图 12–8 “洞察号”在“好奇号”以北 600 千米处登陆火星成功示意图（Credit：NASA/JPL）

人类火星探测，从20世纪60年代苏联发射的“火星1M No.1号”（Mars 1M No.1）算起，一直到2018年的“洞察号”登陆火星，前后向火星发射了44次任务，约略估计，成败各半。火星任务耗资巨大，但人类对火星情有独钟，即使已投资数百亿美元的科研经费，顶着置非洲饥饿儿童于不顾的劣评，仍然赴汤蹈火，逆风作案。从2013年起，美国行星学会（The Planetary Society）就开始筹划一张火星探测任务全家福图片，经5年不懈努力，终于制作成功，并慨允授权本书载登（图12–9）。火星全家福图片中几乎所有有分量的任务，本书内文中皆有描述触及，作者堪称欣慰。

不到火星非好汉

《史记》上早已说得清清楚楚:“虽有明天子，必视荧惑所在。”对火星的关注，是中华民族历史上不变的情怀。中国在月球为嫦娥和玉兔盖了广寒宫，也想把红色的火星和关云长的赤兔马挂钩。中国的嫦娥和玉兔已成功登陆月球，当然下一步，就是要去拜访火星。火星远在天边，登陆月球

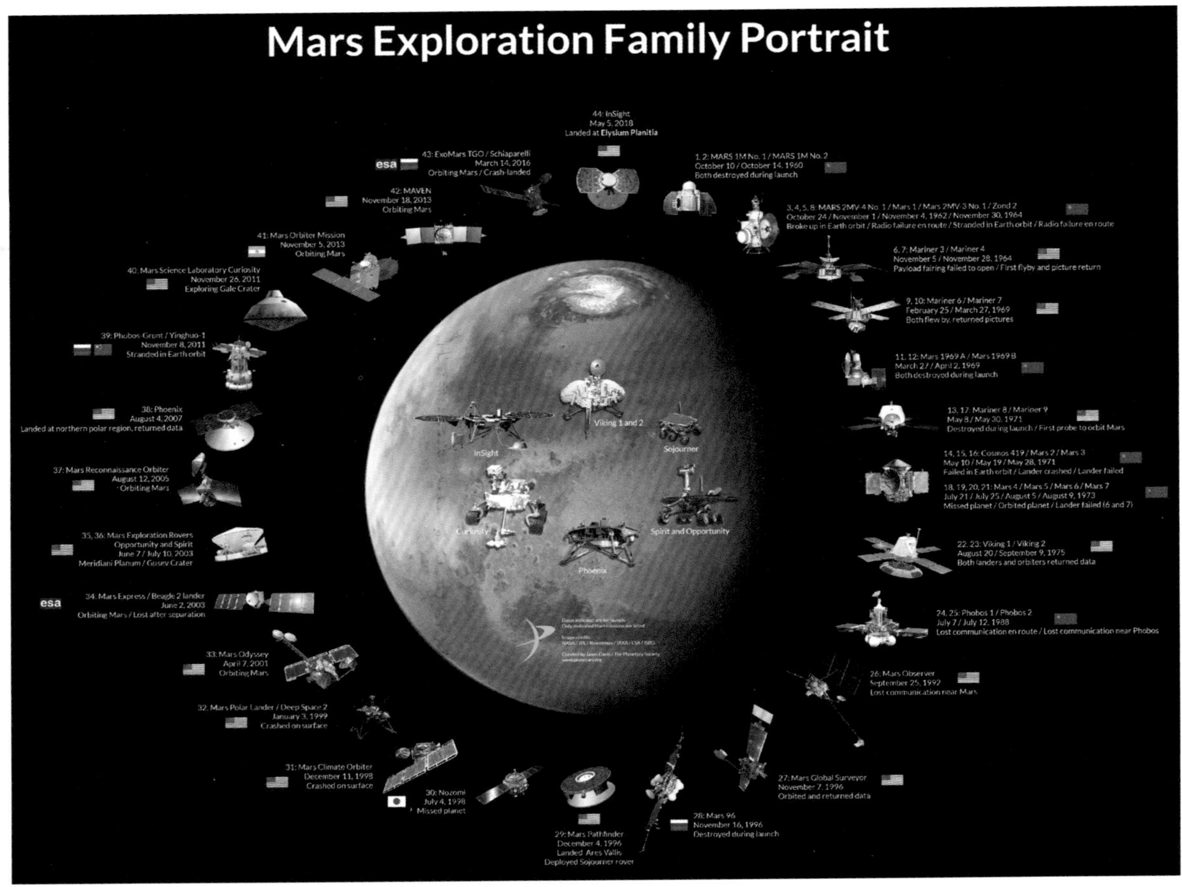

图 12-9　人类火星探测全家福图片。约略估计，成败各半。感谢“美国行星学会”戴维斯先生授权刊载（Credit: Publication permitted by Mr. Jason Davis of The Planetary Society/USA）

和登陆火星所需的太空科技，有质上的差异。去火星第一件所需的神器就是一枚大推力的火箭。中国在经济起飞前的 1986 年就已经开始筹划这枚大型火箭的前期论证和攻关工作，前后经历了 20 年艰难的研发，终能在 2006 年 10 月上马开始制造这枚火箭。

中国在新世纪的经济和其他各方面的崛起，是人类文明史上的奇迹。中国富强了，才有能力开发这枚符合现今世界最高水平的强力火箭。这枚火箭有两个高阶层要求。第一，这枚火箭的推力要达到比“长征二号”高出 3 倍的 25 吨级低地球轨道能力；第二，这枚火箭要使用“非自燃”（non-hypergolic）无毒性的推进燃料。第一个要求易懂，火箭要有 25 吨的低地球轨道推力才能把有效载荷送到遥远的火星。第二个要求更重要，如此巨大推力的火箭，不好再使用强毒性自燃推进剂“四氧化二氮 / 偏二甲肼”。对一个在国际太空科技具有领导地位的大国，最受尊重的选择是低温液氢和液氧火箭推进燃料。氢氧燃烧后的产物为水，对地球环境无害。但低温液氢和液氧燃料的比重较低，比同等体积的四氧化二氮 / 偏二甲肼燃料产生的推力小。为了使火箭能携带更大的载荷，这类大型火箭的发射场地越接近赤道，就越能得到地球自转速度给出的附加载荷红利。于是中国就把这枚名为“长征五号”，又称“胖五”的火箭航天发射场地设在中国最南疆海南岛的东北角文昌市。为了运输便捷着想，火箭的制造工厂就顺其自然地设在了天津。

“十年磨一剑，霜刃未曾试”。2016 年 11 月 3 日“胖五”于文昌航天发射场首次发射成功。通常新型火箭试射，需三锤定音。2017 年 7 月的第二次试射，第一节火箭的液态氢氧发动机运转异常，45 分钟后宣布发射失败。2019 年 12 月 27 日“胖五”第三次试射，成功将“实践二十号”实验通信卫星送入赤道上空的地球静止轨道（Geostationary Orbit）。悬梁刺股十三载，终于铺好了中国去火星探测的高速公路（图 12-10）。

图 12-10　中国的低温液氢和液氧燃料推进火箭“长征五号”，又称“胖五”，经 30 余年的研发，于 2019 年 12 月 27 日，试射成功，三锤定音（Credit：Creative Commons Attnbution 4.0 International，篁竹水声 ）

中国要有自己独立自主创造出来的火星火箭，才能执行中国的火星探测任务。前文提到中国和俄罗斯的合作项目“火卫一登陆号”，由中国提供一颗火星轨道卫星。中国在 2011 年还没有火星火箭，但如能把不需要火箭部分的火星任务所需要的技术先行演练一下，也是个求之不得的机会。这些技术可以包括：火星入轨、打开太阳电池板和通信天线、展开地 - 火间长距离通信和火星地表照相等。但这次中俄合作，就是因俄罗斯的火箭故

障，连地球轨道都没有脱离成功，当然更无法轮到考验中国“萤火一号”的各项性能，就偃旗息鼓了。

2019 年初，“胖五”进展顺利，1 月 11 日，中国在坚实的火星火箭基础上，正式向世界宣布，“火星，我来了！”。

中国决定于 2020 年火星发射窗口开放时期中的 7 月 23 日（表 2-1/ 图 3-5），用“胖五”载着“天问一号”，首途火星。

中国“天问一号”任务包括轨道卫星与登陆器和火星漫游小车（图 12-11）。轨道卫星相机的分辨率，有中、高两等级，在 400 千米的高度，可看清楚最小到 2 米大小的地表物体。卫星也携带了计磁仪、矿物成分分光仪和火星离子和中性粒子分析仪，另携有轨道穿透火星地表雷达。火星漫游小车上置有 100 米级的地表穿透雷达、多光谱相机、计磁仪、气象仪、地表合成物探测器及导航相机等。如这些仪器都能安抵火星任务工作位置，正规操作，中国的火星科学家和工程师们，可在国际同行评审的刊物上，发表数百篇论文。

图 12-11　中国火星漫游小车示意图（Credit：CICphoto）

略提一下。“天问一号”的轨道卫星和地面的漫游小车都携有计磁仪。第五章提到“海盗一号”测量到火星有极微弱的磁场，是地球的万分之一。火星磁场虽微弱，但出身诡诈，极可能是区域性的局部现象。“天问一号”天上地下双管齐下同时测量，肯定能进一步绘制出更详细的火星磁场分布图。

“天问一号”除了期盼获取登陆火星和在火星上运作的实际经验外，也为 2030 年中国火星双程取样任务做准备。火星漫游小车很可能寻找到一块最适合送回地球的火星矿石，标明发现地点经纬度，甚或演练打包处理过程，静候 2030 年地球物流快递取货。

中国第一次火星任务的成功一定得满足几个硬要求：第一，“胖五”一定要把“天问一号”送入火星轨道；第二，漫游小车一定得登陆成功。日本的第一次任务连火星都没追上。而印度聪明取巧，避重就轻，成功至上，只肯试火星轨道卫星，入轨成功后就大肆宣扬。欧洲航天局两次火星任务，轨道卫星成功，登陆器皆败北。

进入火星轨道已不容易，登陆火星就更难上加难了。中国“胖五”经过 30 余年的研发制作，应已造就了金刚不坏之身，把“天问一号”送入火星轨道，应在合理的期盼范围内。登陆火星部分，是墨菲先生的禁脔，略有差错，墨菲先生一定把它抓出来，放大渲染，毫不留情，不搞到车毁机亡，决不罢休。登陆是火星任务最困难的部分，通过成功登陆火星的烈焰灼炼，中国将取得太空科技强国的钻石会员卡。目前只有美国是钻石卡会员，俄罗斯尝试登陆火星 5 次，仅“火星 3 号”勉强算得上成功，登陆 90 秒后，仪器只工作了 20 秒（见第四章及图 12-9）。所以，俄罗斯仅够得上银卡资格。

中国登陆火星地点，有两处选择。经过反复论证，在 2019 年 9 月决定扬弃金色平原，以乌托邦平原为登陆首选。乌托邦平原是火星、也是太阳系中最大的陨石盆地，直径达 3300 千米，为火星直径之半，也是 1976 年“海盗二号”登陆地点（图 8-13），在前文第五章中已详述。中国火星登陆采取了在火星大气中以超音速降落伞和反射火箭减速软着陆。因导航和进入火星大气时引进的不确定性，登陆的椭圆不定范围为 40 千米 ×100 千米，为美国 1996 年的“火星探路者号”登陆椭圆面积的五分之一，但为美国最先进“火星科学实验室”新一代全程反射火箭控制登陆椭圆面积的 29 倍（图 12–4）。

中国在乌托邦平原有两处候选登陆地点，美国的 MRO/HiRISE 特别为中国在火星乌托邦平原可能登陆地点之一摄得了一幅高清图像（图 12–12）。

图 12–12　美国的 MRO/HiRISE 特别为中国在火星乌托邦平原可能登陆地点之一拍摄的高清图像（Credit：NASA/JPL/University of Arizona）

2020 年 1 月 23 日中国宣布“胖五”已完成最后一次液氢液氧火箭引擎 100 秒点火检测。通过这个严格验收关卡后，“天问一号”载荷就已可以开始组装。中国的火星任务，升火待发。

人类登陆火星的魔障

2020 年的火星发射窗口，在 7 月初开始开放。除了中国以外，美国、欧盟国家、俄罗斯、阿联酋等，也会抓住这次火星探测机会，各显神通，作者在这就不再一板一眼平白直述，只挑些有趣的来说。

又花费美国纳税人 21 亿美元的“火星 2020”任务，将携带“毅力号”（Perseverance）漫游车，预定 7 月 17 日出发，2021 年 2 月 18 日降落于“海盗二号”西南方约 3300 千米处的“杰泽罗陨石坑”（Jezero crater）（图 12-13），主要任务是寻找古代生命的迹象，并仔细推敲出一个实际可行的火星双程取样任务。火星虽然大气稀薄，不及地球的百分之一，好像支撑不了飞机所需的浮力，但这次美国要送上去一架迷你直升机，首试在火星地表气体动力飞行器的可行性（图 12-14）。阿联酋在新世纪来临后，太空科技急起直追，也要在 2020 年发射“希望火星任务”（Hope Mars Mission）卫星，第一次为火星提供了一个专职的全球气象卫星，更重要的，也同时庆祝 2021 年到来的建国 50 周年。欧洲其他国家和俄罗斯合作，继“火星快车”的“小猎犬 2 号”失败后，本想在 2020 年再次发射“富兰克林”（Rosalind Franklin）漫游小车，主要目的还是继续去寻找火星细菌生命。“富兰克林”目前已赶不上 2020 年的发射窗口，乐观估计，很可能在 2022 年 8-10 月之间择机发射。芬兰想在未来蹭到数个去火星免费便车的机会，建立起一个火星全球气象网站（Mars MetNet）。日本在继续考虑下一个登陆火星寻找生命的任务。印度也没赶上 2020 年的发射窗口，但在 2024 年会再发射一颗火星卫星，也可能考虑登陆小车。

火星双程取样任务至为艰难，耗资巨大，从 2020 年开始使用漫游小车在火星上实地考察研究，如能成功，也是 2030 年以后的事。双程取样任务是人类科技文明突破级的成就，每个科技大国都想率先达阵，但现在还在拍胸脯叫板阶段。如我们常说的，这是一个自由的世界，这是一个浩瀚的宇宙，大家就都撒开欢儿，尽情地去自由叫卖吧。

其实人类辛勤地经营火星探测，埋在心里头最深沉的梦想还是希望有一天人类本尊能登陆火星。先不谈移民，只要能亲临其境实际考察一番就已心满意足。人类登陆火星的难度，无可拟比，以作者的科技突破标准，多个诺贝尔奖级的成就也无可比拟。

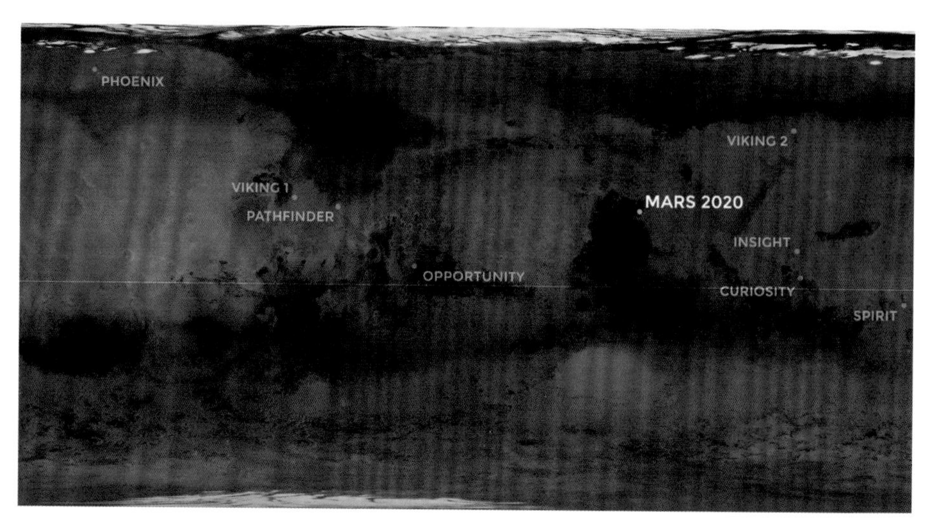

图 12-13　美国有史以来所有登陆火星探测器的总览图。“好奇号”（Curiosity）和“洞察号”（InSight）仍在工作状态，“毅力号”（Mars 2020）将在 2021 年 2 月 18 日在“海盗二号”西南方约 3 300 千米处的“杰泽罗陨石坑”登陆（Credit：NASA/JPL）

图 12-14　与美国“毅力号”漫游车（背景远处）一起登陆的迷你“火星直升机侦察兵”示意图（Credit：NASA/JPL）

人类登陆火星之路，魔障重重，第一就是旅途中要长期暴露在强太空辐射环境，再来就是旅途中的失重、失水、骨质疏松、肌肉流失和人体免疫系统变弱等。抵达火星后，如是“合”级任务，则至少要停留 455 天，等待回程发射窗口开放（表 10-1）。停留期间，环境控制及生命支持系统（Environmental Control and Life Support System，ECLSS）绝对不能故障。心理上虽有至少 4 名宇航员结伴同行，依然会有遥远无助、孤独寂寞的感觉。人类第一次去火星，肯定是兵马未动，粮食、燃料先行。但可能偶有关键零件材料欠缺，就得就地取材（In Situ Resources Utilization，ISRU）补充。在火星上住 455 天，可能都得需要把地球的益生菌（microbiome）和噬菌体（bacteriophage）带上。

再略谈一下太空辐射。太空辐射，部分来自太阳，如前文提到的“太阳粒子事件”。但最凶悍的部分则是来自深不知处的宇宙，统称宇宙射线（cosmic rays）。人类的祖先能在地球上健康演化，全得利于地球磁场和大气的保护，才能躲过太空辐射对人类染色体基因的伤害。辐射剂量的单位以希沃特（Sievert）计算。人类一生能承受的辐射总剂量为 1 希沃特。人类火星之旅，在路上的来回双程共 259×2=518 天（表 10-1），近一年五个月，皆暴露在宇宙射线的淫威之下，太空舱虽有 10 厘米厚的水墙围护，仍然无法隔离极高能量的宇宙射线。据估计，去火星的路程，因高能量宇宙射线肆虐，会承受 250 毫希沃特，来回就是 500 毫希沃特，已经消耗了人体一生所能承受剂量的一半。所以，宇航员在一生的太空事业中，只能往返一次地球火星！

人有惰性，人身体内的细胞更懒。去火星之旅的微重力环境下，骨骼和肌肉的细胞马上会发现它们不必再努力辛苦地支撑一大重力下的体重了，于是即刻减产，8 个多月下来，骨质疏松、肌肉流失。别的生理功能也来添乱。在微重力下，储存在两条大腿中的体液，开始向全身平均分布。对上半身而言，平均过来的体液就造成充水现象，于是人体大量排水，结果只能保住在正常重力下 95% 的体液，置身体于严重失水状态（注：对一位 75 千克重的宇航员，5% 排出的体液约为 3000 毫升）。体液少，红血球、白血球数目就相对减少，身体免疫系统随之减弱。身体长期处于微重力下，甚至连基因的开关和生产蛋白质的机制都会发生约 5% 的变化。还好人类在太空站的微重力环境下已有了连续生活近 20 年的经验，发现强力冲击性的运动（Impact Exercise）可减慢微重力环境对人体的伤害。所以，去火星的宇航员，每天都得绑上强力的橡皮筋，在太空舱中做 4 小时冲击性的运动。

人类浑身解数，规划出未来 30 年登陆火星所需的科技和各类在太空环境工作、生活和居住的设备（图 12–15）。美国的太空策略，由白宫掌控，任务走向常沦落为政客的短期政治筹码。人类登陆火星计划需要跨越现实的政治时空尺度，在艰难多变的政治生态环境中，稳步前行。图 12–15 就是美国国家航空航天局有效运用最强大、最符合科学和工程逻辑发展出来的人类登陆火星的愿景图。中间上方两枚火箭，是美国为登陆火星设计出来的专用火箭，上面较小的为 25 吨低地球轨道推力级别，命名“战神一号”（Ares I），推力和“胖五”相当，但为载人火箭，造价至少是非载人火箭的十倍有余。下面的为 188 吨低地球轨道推力级别的载货火箭，命名为“战神五号”（Ares V）。目前，这两枚火箭仍在库藏冬眠期间，耐心等候外界政治环境复苏后再披战袍出征。

火星和地球的距离，在“大冲”时可近到 5500 万千米，约为 0.37 天文单位，最远时可达 2.5 个天文单位（表 2–1/ 图 2–2），双程通信需时 370 ~ 2500 秒，即约 6 ~ 40 分钟。所以，与火星通信，都有较长的时间延迟，信息基本上都是过去式。人类送上火星的探测器，皆运用人工智能全自动操作，只在一些设计好的关键时刻，需要地球基地启动指令进行特殊操作程序。目前在火星轨道上布置的几颗卫星，基本满足地面仪器“好奇号”“洞察号”和以后“毅力号”火 – 地中继通信需求（图 12–16）。

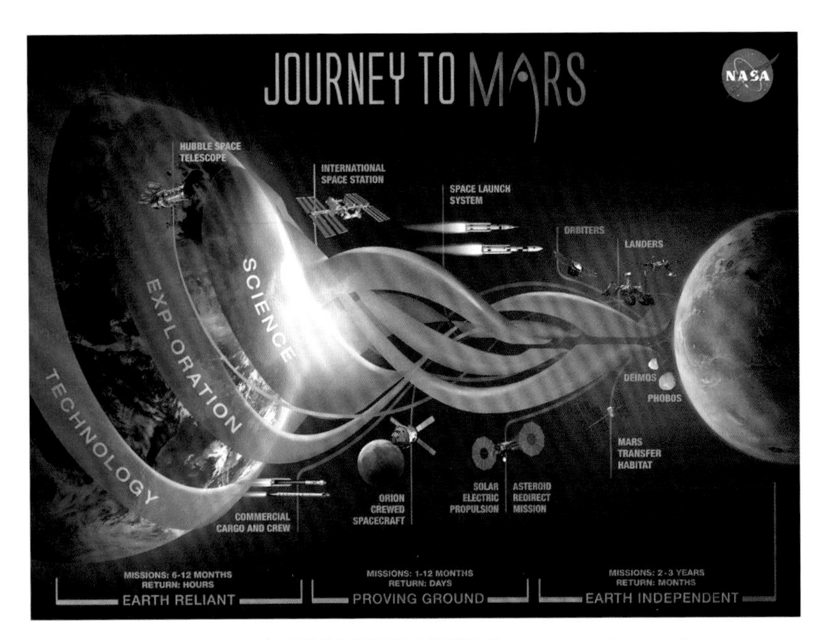

图 12–15　人类登陆火星的愿景图（Credit：NASA/JPL）

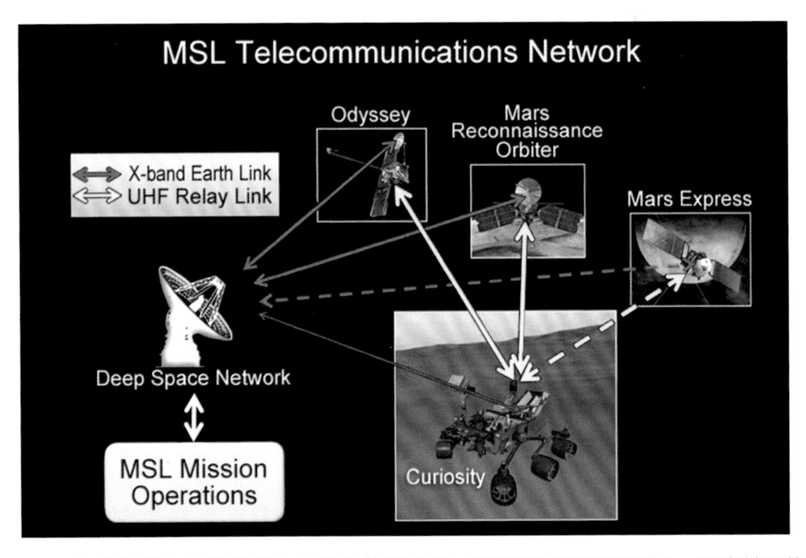

图 12–16　人类目前在火星轨道上布置的几颗卫星，基本满足地面仪器火 – 地中继通信需求（Credit：NASA/JPL）

地球与火星和其他的外层空间之间的通信，需 24 小时畅通无阻。但因地球自转原因，不管任何时间，有一半以上的宇宙空间不在单一电磁波射电视线所及范围，所以人类围绕地球每隔 120 经度就得要设一个深太空联络站，彼此相互扶持，以覆盖与火星 24 小时通信不间断的需求。美国设置三个主力“深空联络设施”（Deep Space Network，DSN），一在美国加利福尼亚州南方沙漠中的戈尔德斯通（Goldstone），另一个在西班牙的马德里（Madrid），第三个在澳洲首府堪培拉（Canberra）近郊。1998 年和 2013 年经特别安排，作者拜访了堪培拉和戈尔德斯通的“深空联络设施”（图 12–17）。

图 12–17　经特别安排，作者在 1998 年和 2013 年，前后拜访了堪培拉（右下角）和戈尔德斯通的“深空联络设施”，两处射电天线直径分别为 72 及 70 米（Credit：NASA/JPL）

中国的“天问一号”，如“嫦娥”为“玉兔”准备的“鹊桥”卫星一样，也为地面漫游小车自备了专用轨道通信卫星，将是火 – 地最新型中继卫星，必要时一定能和美、欧卫星互援，通过“深空联络设施”增强人类火 – 地通信能力。

后　记

（2020年版）

从新世纪频繁“跟着水走”的火星探测活动中，人类终于找到了科学根据：火星上可以有咸水，咸水可以溶足了氧气，火星细菌生命可以在这类咸水中存活。这咸水是够凉的，可达零下100多摄氏度。冷归冷，生命体仍可在这种极端酷寒的环境下繁殖演化，这是新世纪火星生命探测的革命性理解，再一次照亮了人类寻找火星生命的道路。

中国在21世纪经济崛起，也开始积极筹划走完全自主的火星探测之路，赶上了2020年的发射窗口，以全新能力的“胖五”，预定7月23日发射，首途火星，也激起了我为这本书添增了17年的新数据，迎接中华民族这件旷古未有的大事。

从世界历史的轨迹来估评，中国在不久的将来会再度取回主导人类文明发展的领头羊地位。登陆火星是人类文明突破的里程碑，在未来的50年中，中国将是带领人类登陆火星的主力。

届时，这本书又可再增订一次。

谨以此再期许。

（2003/2009年版）

在我的办公桌上，放着一个直径40厘米的火星仪，有空时，我翻来覆去地观看，像是要把远在天边的火星，拉到自己的眼前。这个火星仪还是根据“水手九号”的数据，从1972年起算，至2002年，已有30年的历史了。写完这本书后，我抽空在网络上全面搜索，企图找到更新的火星仪，尚无结果。

人类对火星的探测虽然已有上千年的历史，但在火星地表上探测，还处在隔靴搔痒的启蒙阶段。人类的探测仪器总共才在火星登陆三次，“海盗号”仅挖入地表30厘米，“火星极地登陆者号”携带的“深太空探测仪”，原本计划钻入南极冰层一米，取样分析火星过去一万年内气候的变迁。“火星气象卫星”和“火星极地登陆者号”前后失事，造成“快、好、省”第二波宇宙飞船全军覆没，火星登陆探测叫停。

近代火星地表液态水现形的新数据，足以使美国国家航空航天局的新火星探测计划，走出“火星气象卫星”和“火星极地登陆者号”惨重失败的阴影，在2003年再以完整的梯队，全力出击。

我衷心地期盼着。

寻找生命的源头

人类终极的关怀是生命的起源和归属。1996年发现ALH84001火星陨石有生命活动迹象，1998年又发现了纳米细菌。以人类目前对古菌生命的临床经验，火星最早的生命可能与地球古菌相近。而且很有可能，火星古菌比地球的生命起源早上数亿年。

地球古菌由氨基酸化学演化而来。地球氨基酸的演化痕迹，因地表的侵蚀、生物的新陈代谢和板块运动，早已春梦了无痕，荡然无存。火星氨基酸演化成古菌的化石痕迹，肯定会对地球生命起源作出贡献。

未来火星的探测，是追寻火星的液态水、火星和地球生命起源的来龙去脉。未来30年内，可能会完成两次以上的火星取样任务，取得新的火星数据。

希望我有机会，能为这本书再增订一次。

火星数据

轨道数据

平均距日距离：227 940 000 千米（1.52366AU）

离心率：0.0934

轨道面倾角：1.8504 度

平均轨道速度：24.13 千米 / 秒

地球—火星平均会合周期（synodic period）：779.94 地球天

自转轴倾角：25.19 度

火星日：24 时 37 分 22.662 秒

轨道周期：686.98 地球天；669.60 火星日

物理数据

平均直径：6779.84 千米

总面积（地球 =1）：0.2825

体积（地球 =1）：0.1504

质量（地球 =1）：0.1074

比重（水 =1）：3.93

平均脱离速度：5.027 千米 / 秒

地表重力场（地球 =1）：0.379

大气平均大气压：601.7 帕

大气成分：95.32%二氧化碳，2.7%氮气，1.6%氩，0.13% 氧，0.07%一氧化碳，0.03%水汽和其他一些惰性气体

卫星

	火卫一（Phobos）	火卫二（Deimos）
平均轨道半径（千米）	9378 千米	23459 千米
平均轨道周期	7 时 39 分	1 日 6 时 18 分
轨道离心率	0.015	0.0005
长 × 宽 × 高（千米）	28×22×18	16×12×12
质量（火星 =1）	1.5×10^{-8}	3×10^{-9}
比重（水 =1）	1.95	2.0
“冲”时亮度	11.8 等	12.9 等

火星大事记

年　代	事　　件
公元前 350 年	亚里士多德地球中心论
公元 150 年	托勒密建立以地球为中心的天文体系
1543 年	哥白尼太阳中心学说问世
1609 年	开普勒以火星椭圆形轨道证实太阳为宇宙中心。开普勒行星定律问世
	伽利略打开天文望远镜观测纪元
1659 年	惠更斯画下火星色蒂斯大平原手图
1666 年	卡西尼量出一个火星日（Sol）为 24 小时 40 分
	牛顿发现万有引力
1672 年	卡西尼量出地球与太阳间距离为 139 200 000 千米
1781 年	赫歇耳发现天王星
1783 年	赫歇耳兄妹测量出火星自转轴倾角为 28.70 度
1846 年	伽勒发现海王星
1877 年	霍尔发现火星卫星火卫一和火卫二
	夏帕雷利为火星画出 113 条“自然河道”
1916 年	洛韦尔谱出火星 500 条“运河”
1925 年	霍曼发表宇宙飞船转移轨道
1930 年	汤博发现冥王星
1957 年 10 月 4 日	苏联“人造卫星一号”上天
1961 年 4 月 12 日	苏联航天员加加林上天
1962 年	美国“水手二号”飞越金星
1965 年	美国“水手四号”飞越火星
	《纽约时报》宣判火星为“死的行星”
1969 年	美国“水手六号”“水手七号”发现火星混乱地形
1969 年 7 月 20 日	美国航天员阿姆斯特朗登月

年　代	事　　件
1971 年	苏联发射“火星二号”“火星三号”
1973 年	美国“水手九号”进入火星轨道，发现火星火山群和上千条干涸的自然河道
1976 年	美国“海盗一号”“海盗二号”登陆火星，在火星地表没有侦测到生命和有机物质
1977 年	伍斯发现古菌生命领域
1984 年	在南极洲爱伦岭发现火星陨石 ALH84001
1986 年	美国“挑战者号”航天飞机爆炸
1989 年	苏联“佛伯斯二号”在接近火卫一时失踪
1990 年	美国“哈勃太空望远镜”上天
1992 年	美国“火星观测者号”失事
1996 年	美国以“快、好、省”策略，发射“火星全球勘测卫星”和“火星探路者号”
	公布火星陨石 ALH84001 可能有的生命活动遗迹
1997 年	美国“火星探路者号”登陆火星
1998 年	日本发射火星卫星“希望号”
1998 年	尤温斯在西澳大利亚海床沙岩样品中发现纳米细菌
1999 年	美国“火星气象卫星”“火星极地登陆者号”“深太空一号”火星探测仪全部失事
2000 年 6 月 23 日	美国国家航空航天局发现近代火星液态水痕迹
2001 年 4 月 7 日	美国国家航空航天局发射“火星漫游号”
2002 年 5 月 28 日	“火星漫游号”在火星地表下发现大量水冰
2004 年 1 月	美国“勇气号”和“机遇号”登陆火星
2006 年 3 月 10 日	美国新一代“火星勘测轨道飞行器”进入火星轨道
2006 年 12 月 8 日	“火星全球勘测卫星”拍摄近代火星地下液体喷出地表
2012 年 8 月 6 日	美国“火星科学实验室”携带“好奇号”登陆火星
2014 年 9 月 22 日	美国“火星大气与挥发物演化任务”卫星进入火星轨道
2014 年 9 月 24 日	印度“火星轨道器任务”卫星进入火星轨道
2016 年 10 月 19 日	欧洲航天局和俄罗斯宇航局“微量气体卫星”进入火星轨道
2018 年 11 月 26 日	美国“洞察号”实验室登陆火星

参考文献

[1] 陈遵妫 . 中国天文学史 1-6 册 [M]. 明文书局 ,1999.

[2] 程树德 . 生物的新分类法 [J]. 科学月刊 ,1999:(12)999-1002.

[3] 傅学海 . 星星的故事 [M]. 新新闻出版社 ,2000.

[4] 黄一农 . 星占、事应与伪造天象—以“荧惑守心”为例 [J]. 自然科学史研究 , 1991, 010(002):120-132.

[5] 李杰信 . 追寻蓝色星球 [M]. 新新闻出版社 ,1999.

[6] 龙应台 . 百年思索 [M]. 时报出版社 ,1999.

[7] 王鑫 . 猫头鹰新世纪世界地理 [M]. 猫头鹰出版社 ,1998.

[8] 伊恩・里德帕 . 天文观星图鉴 [M]. 猫头鹰出版社 ,1999.

[9] An exobiological strategy for Mars exploration [J]. Washington, DC: NASA, 1995.

[10] Arvidson R E, Squyres S W, Morris R V, et al. High concentrations of manganese and sulfur in deposits on Murray Ridge, Endeavour Crater, Mars[J]. American Mineralogist, 2016, 101(6):1389-1405.

[11] Banks, Michael. India launches first mission to Mars [J]. Physics World, 2013, 26(12):7-7.

[12] Begley S. The Search for Life [J]. Newsweek, 1999, 134(23):54-61.

[13] China unveils its Mars rover after India’s successful ‘Mangalyaan’ [J]. The Times of India, 2014(11).

[14] David W. Mittlefehldt. ALH84001, a cumulate orthopyroxenite member of the martian meteorite clan [J]. Meteoritics, 1994.

[15] Don E. Wilhelms, John F. McCauley. The geologic history of the Moon[R].USGC Professional Paper,1987.

[16] Donal Goldsmith.The Hunt for Life on Mars [M].A Dutton Book, 1997.

[17] Exupery A D. The Little Prince [M]. Harcourt Brace & Company, 1971.

[18] G. A. Soffen. The Viking Mission to Mars [M]. Martin Marietta Corporation, 1975.

[19] Ghitelman, David. The Space Telescope[M]. Gallery Books, 1987.

[20] Glasstone S. The Book of Mars [M]. National Aeronautics and Space Administration, 1968.

[21] Golombek, M. P. Mars Pathfinder landing site Workshop II: Characteristics of the Ares Vallis Region and Field Trips in the Channeled Scabland, Washington[R]. Lunar and Planetary

Institute Technical Report, 1995, Part 1, 01–95.
[22] Jay M. Pasachoff. Astronomy: From the Earth to the Universe [M]. Saunders College, 1998.
[23] John Postgate. Microbes and man [M]. Cambridge University Press, 2000.
[24] Leshin L A, Mahaffy P R, Webster C R, et al. Volatile, Isotope, and Organic Analysis of Martian Fines with the Mars Curiosity Rover[J]. Science, 2013, 341(6153): 1238937(1–9).
[25] Malin, M. C. Evidence for Recent Groundwater Seepage and Surface Runoff on Mars [J]. Science, 2000, 288(5475):2330–2335.
[26] Marcia Dunn. NASA Launches Super–Size Rover to Mars: 'Go, Go!' [J]. The New York Times, 2011(11).
[27] Mars Exploration Rover Mission Overview [M]. NASA, 2009.
[28] Maya Wei–Haas. Salty waters on Mars could host Earth–like [J]. National Geographic, 2018(10).
[29] McKay, David S, Gibson, Everett K., Jr, Thomas–Keprta. Search for Past Life on Mars: Possible Relic Biogenic Activity in Martian Meteorites ALH84001 [J].Science, 1996.
[30] Michael H. C. Water on Mars [M]. Oxford University Press, 1996.
[31] Michael Zeilik, Henry Albers. Astronomy, the evolving universe [M].1998.
[32] Morris Jones. Yinghuo was Worth [J]. Space Daily. 2011(11).
[33] NASA. 1996 Mars Mission [M]. NASA Press K, 1996.
[34] NASA. NASA's Journey To Mars: Pioneering Next Steps in Space Exploration [J/OL]. (2015–10–08).http:// www.nasa.gov.pdf.
[35] National Research Council, National Academy of Sciences. Size Limits of Very Small Microorganisms: Proceedings of a Workshop [J]. 1999.
[36] National Research Council. Review of NASA's Planned Mars Program [M]. Washington, DC. National Academy Press, 1996.
[37] Nealson K H, Conrad P G. Life: past, present and future [J]. Philosophical Transactions of the Royal Society of London, 1999, 354(1392):1923–1939.
[38] Nina L. Lanza.High manganese concentrations in rocks at Gale crater, Mars [J]. Geophysical Research Letters, 2015, 41(16):5755–5763.
[39] None. Japan's Nozomi heads for Mars [J]. Aviation Week & Space Technology, 1998.
[40] None. Mars Beckons: The Mysteries, the Challenges, the Expectations of Our Next Great Adventure in Space by John Noble Wilford[J]. Wilson Quarterly, 1990, 15(1):98.
[41] None. Spirit at Gusev Crater: plates [J]. Science, 2004, 305(5685):811–818.
[42] Ojha L, Wilhelm M B, Murchie S L, et al. Spectral evidence for hydrated salts in recurring slope lineae on Mars[J]. Nature Geoence, 2015.
[43] Ola. No.6347. Treaty on principles governing the activities of states in the exploration and use of outer space, including the moon and other celestial bodies. Opened for signature at Moscow,

London and Washington on 27 January 1967[J]. United Nations Treaty Series, 1999.
[44] Pritchard, Brian E. Mars: Past, Present, and Future [J]. 1992, 10.2514/4.866173.
[45] Raeburn, Paul. Mars [M].National Geographic Society, 1998.
[46] Rapin W, Ehlmann B L, Dromart G, et al. An interval of high salinity in ancient Gale Crater Lake on Mars [J]. Nature Geoence, 2019, 12(11):889–895.
[47] Robert Zubrin, Richard S. Wagner. The Case for Mars [M]. The Free Press, 1996.
[48] Shann J, Protection T G O P. Biological Contamination of Mars: Issues and Recommendations [M]. National Academy Press, Washington, D. C. 1992.
[49] Stuart Ross Taylor. Destiny of Chance [M]. Cambridge University Press, 1998.
[50] Summers, William C. The Outer Reaches of Life [J]. New england journal of medicine, 1994.
[51] Tanaka K L. The stratigraphy of Mars[J]. Journal of Geophysical Research Solid Earth, 1986, 91(B13):139–158.
[52] Taylor S R. On the Difficulties of Making Earth–Like Planets [J]. Meteoritics & Planetaryence, 1999, 34(3).
[53] Uwins P J R, Webb R I, Taylor A P. Novel nano–organisms from Australian sandstones [J]. American Mineralogist, 1998, 83(11–12 Part 2):1541–1550.
[54] V. G. Perminov. The Difficult Road to Mars: A Brief History of Mars Exploration in the Soviet Union [M]. NASA Headquarters History Division, 1999.
[55] Vij, Shivam. India' s Mars mission: Worth the cost? [J]. Christian Science Monitor, 2013(11).
[56] Viking Orbiter Imaging Team. Viking orbiter views of Mars Team[J]. NASA, 1980.
[57] Vlada Stamenković, Lewis M. Ward, Woodward W. Fischer.O2 solubility in Martian near–surface environments and implications for aerobic life [J]. Nature Geoscience, 2018(11):905–909.
[58] W Lee, WT Fowler, BD Tapley. To Rise from Earth: An Easy to Understand Guide to Spaceflight [J]. ence News, 1993(13):203.
[59] W. Newcott. Return to Mars [J]. National Geographic, 1998, 194:2–29.
[60] Washburn, Mark. Mars at last [J]. New York Putnam C, 1977.
[61] Weber P, Greenberg J M. Can spores survive in interstellar space?[J]. Nature, 1985, 316(6027):403–407.
[62] Williams, T. The Planet Mars: A History of Observation & Discovery [M]. Tucson: The University of Arizona Press, 1996.
[63] Wnke H, J. Br ü ckner, Dreibus G, et al. Chemical Composition of Rocks and Soils at the Pathfinder Site [J]. Space Science Reviews, 2001, 96(1–4):317–330.

火星信息网址

http://www.marsacademy.com
http://www.jpl.nasa.goV/marsreports
http://www.jpl.nasa.gov/snc/
http://mpfwww.jpl.nasa.gov
http://mgs-www.jpl.nasa.gov
http://observe.ivv.nasa.gov/nasa/exhibits/mars/missions/missions3f.html
http://cmex-www.arc.nasa.gov/SiteCat/sitecat2/hist.htm
http://tommy.jsc.nasa.gov/ ~ woodfill/SPACEED/SEHHTML/gotomars.html
http://www-sn.jsc.nasa.gov/explore/Data/Lib/DOCS/EIC043.HTML
http://www.jpl.nasa.gov/marsnews
http://mars.jpl.nasa.gov/msp98/index.html
http://mars.jpl.nasa.gov/2001/index.html
http://quest.arc.nasa.gov/mar
http://www.astroleague.org/marswatch
http://www.spaceref.com/mars/index.html
http://www.nytimes.com/library/national/science/011800sci-space nanobes.html
http://www.msnbc.com/news/252893.asp
http://www.sciencemag.org/cgi/collection/planet_sci
www.nature.com/naturegeoscience
https://en.wikipedia.org/wiki/Martian_meteorite
https://en.wikipedia.org/wiki/Mars_Exploration_Program
https://en.wikipedia.org/wiki/Mars_Science_Laboratory
https://en.wikipedia.org/wiki/Curiosity_（rover）
https://en.wikipedia.org/wiki/Mars_Exploration_Program#Future_plans
http://photojournal.jpl.nasa.gov/catalog/PIA19912
中国火星探测器露真容 https://en.wikipedia.org/wiki/Mars_Global_Remote_ Sensing_ Orbiter_and_ Small_Rover
http://www.xinhuanet.com/tech/2019-07/09/c_1124726406.htm

中英文索引

Q

R

S

T

W

X

Y

Z